高职高专土建类工学结合"十三五"规划教材

建筑工程计量与计价实训

主　编　张红霞　龙云云　李秀娟

U0362666

华中科技大学出版社
中国·武汉

内 容 简 介

　　本书安排了常用的 8 个实训项目,分别是脚手架工程、土石方工程、桩基础工程、砌筑工程、混凝土及钢筋混凝土工程、门窗工程、屋面及防水工程、保温隔热工程、模板及其他措施项目,每个实训项目均采用定额计价与清单计价两种计价方式。

　　本书内容翔实,参考现行国家规范标准,结合实际工程案例,思路清晰,重点突出,通俗易懂。本书具有较强的指导性和针对性,可作为高等职业教育工程造价专业的一本实训指导和案例书。

图书在版编目(CIP)数据

建筑工程计量与计价实训/张红霞,龙云云,李秀娟主编.—武汉:华中科技大学出版社,2017.8(2021.7 重印)
高职高专土建类工学结合"十三五"规划教材
ISBN 978-7-5680-3181-3

Ⅰ.①建⋯　Ⅱ.①张⋯　②龙⋯　③李⋯　Ⅲ.①建筑工程-计量-高等职业教育-教材　②建筑造价-高等职业教育-教材　Ⅳ.①TU723.3

中国版本图书馆 CIP 数据核字(2017)第 161853 号

建筑工程计量与计价实训　　　　　　　　　　　　　　　　　张红霞　　龙云云　　李秀娟　主编
Jianzhu Gongcheng Jiliang Yu Jijia Shixun

策划编辑：金　紫
责任编辑：郑猿冰
封面设计：原色设计
责任校对：张会军
责任监印：朱　玢
出版发行：华中科技大学出版社(中国·武汉)　　　电话：(027)81321913
　　　　　武汉市东湖新技术开发区华工科技园　　　邮编：430223
录　　排：武汉楚海文化传播有限公司
印　　刷：武汉市籍缘印刷厂
开　　本：787mm×1092mm　　1/16
印　　张：18.75
字　　数：476 千字
版　　次：2021 年 7 月第 1 版第 3 次印刷
定　　价：48.00 元

前　言

　　本书是根据高等职业教育工程造价专业的核心课程教材《建筑工程计量计价》编写的一本实训指导和案例书,是针对全国高等学校土建学科教学指导委员会、高等职业教育专业指导委员会制定的该专业培养目标和培养方案及主干课程教学基本要求来完成的。

　　本书每个实训项目均采用了定额计价与清单计价两种计价方式。定额计价的工程造价理论是工程量清单计价的理论基础之一,其计价方法有一定的延续性。在掌握好定额计价理论与方法的基础上,就可以在较短的时间内掌握工程量清单计价的理论与方法。定额计价和清单计价的本质区别是:前者采用建设行政主管部门颁发的反映社会平均水平的消耗量定额和发布指导价格计算工程造价,该工程造价具有计划价格的本质特征;后者由投标人自主选择消耗量定额(如企业定额)和自主确定各种单价,其工程报价具有市场价格的本质特征。

　　本书根据《房屋建筑与装饰工程工程量计算规范》(GB 50854—2013)、《广东省建筑与装饰工程综合定额》(2010)有关内容,参考了广州市2017年第一季度材料的信息指导价,采用增值税计价方法,较详细地安排了常用的8个实训项目,并附有一套广州某办公楼建筑结构施工图以及完整的实训表格和答案。全书通俗易懂,结合实际工程案例,从分部分项工程量计算到单位工程的招标控制价编制进行编写,思路清晰,使学生通过32学时实训能熟练运用《建设工程工程量清单计价规范》编制工程量清单和运用定额报价。

　　本书由广州城建职业学院张红霞老师(注册造价工程师、一级建造师)任第一主编,龙云云老师(广州市工程造价行业协会培训讲师)任第二主编,李秀娟老师(广州市造价协会培训讲师)任第三主编,喻甜香、卢春燕、蒋艳芳、黄洁贞、施秀凤、张玉英、简红新、陈晓瑜等课程组老师参与编写。另外,在本书的编写过程中参考了有关文献资料,得到了编者所在院校的大力支持,谨此一并致谢。

　　我国工程造价的理论和实践正处于发展和变革时期,新的内容正在不断涌现,加之编者水平有限,书中难免有不足之处,敬请广大师生和读者批评指正。

编　者

2017 年 5 月

目　　录

办公楼实训指导书

项目 1a 脚手架工程定额计价(2 学时)

1. 实训目的

1)能读懂建筑设计总说明、工程做法表和建筑施工图(平面、立面、剖面、详图)。

2)能根据办公楼图纸计算建筑面积、脚手架工程定额工程量,并能计算出定额分部分项工程费用。

3)熟练把握建筑面积、脚手架工程手工计量与计价的方法和技巧。

2. 实训内容

1)计算首层、二层、三层建筑面积并汇总。

2)计算外墙综合脚手架、里脚手架、满堂脚手架及单排脚手架工程量。

3)查找上述分项工程的定额子目。

4)计算定额分部分项工程费。

3. 编制依据

1)办公楼工程建筑结构施工图。

2)《广东省建筑与装饰工程综合定额》(2010)(上册、中册、下册)。

4. 实训步骤

1)熟悉办公楼工程图纸,了解项目概况,搜集各种编制依据及资料。

2)根据办公楼施工方法和施工说明,重点注意脚手架的搭设高度,垂直面积、建筑面积、净面积的定义。

3)根据综合定额各章说明和计算规则,找出相应的综合定额子目。

4)根据所套用的定额子目计算出定额分部分项工程费。

5. 定额工程量计算表

按给定的计算表格填写。

6. 定额措施项目预算表

按给定的预算表格填写,并汇总计算出脚手架工程措施项目费用。

定额工程量计算表

工程名称：　　　　　　　　　　　　　　　　　　　　　　　　第　　页　共　　页

序号	定额编号	项目名称 或轴线位置说明	工程量计算式	计量单位	工程量

定额措施项目预算表

工程名称：   第　页　共　页

序号	定额编号	子目名称及说明	计量单位	工程量	定额基价/元	合价/元
		本页小计				

项目 1b　脚手架工程清单计价(2 学时)

1. 实训目的

1)能读懂建筑设计总说明、工程做法表和建筑施工图(平面、立面、剖面、详图)。

2)能根据《房屋建筑与装饰工程工程量计算规范》(GB 50854—2013)(以下简称清单规范)计算规则计算脚手架工程清单工程量,并能计算出清单分部分项工程费用。

3)熟练把握脚手架工程手工计量与计价的方法和技巧。

2. 实训内容

1)计算外墙综合脚手架、里脚手架、满堂脚手架及单排脚手架工程量。

2)根据《房屋建筑与装饰工程工程量计算规范》(GB 50854—2013)查找上述分项工程的清单编码、填写项目特征、计量单位,编制分部分项工程和单价措施项目清单与计价表。

3)计算分部分项工程费和综合单价。

3. 编制依据

1)办公楼工程建筑结构施工图。

2)《房屋建筑与装饰工程工程量计算规范》(GB 50854—2013)。

3)《广东省建筑与装饰工程综合定额》(2010)(上册、中册、下册)。

4)《广东省建筑与装饰工程工程量清单计价指引》(2010)(以下称计价指引)。

5)《广东省建设施工机械台班费用》(2010)。

4. 实训步骤

1)熟悉办公楼工程图纸,了解项目概况,搜集各种编制依据及资料。

2)根据办公楼施工方法和施工说明,重点注意脚手架的搭设高度、垂直面积、建筑面积、净面积的定义。

3)根据计价指引的要求,确定项目编码、项目特征及计量单位、工程内容,计算清单工程量。

4)根据综合定额(2010 下册)各章说明和计算规则,找出相应的综合定额子目。

5)计算措施项目费和综合单价。

5. 清单工程量计算表

按给定的计算表格填写。

6. 分部分项工程和单价措施项目清单与计价表

按给定的计算表格填写,并汇总计算脚手架工程措施项目费用。

7. 分部分项工程量综合单价分析表

按给定的表格填写,计算分项工程综合单价。

清单工程量计算表

工程名称：　　　　　　　　　　　　　　　　　　　　　　　第　页　共　页

序号	清单编码	项目名称或轴线位置说明	工程量计算式	计量单位	工程量

分部分项工程和单价措施项目清单与计价表

工程名称：   第　页　共　页

序号	项目编码	项目名称	项目特征描述	计量单位	工程量	金　额/元		
						综合单价	合价	其中：暂估价
	分部小计							
	本页小计							
	合　计							

分部分项工程量综合单价分析表

工程名称：　　　　　　　　　　　　　　　　　　　　第　页　共　页

项目编码					项目名称			计量单位		工程量	
清单综合单价组成明细											
定额编号	定额项目名称	定额单位	数量	单价/元				合价/元			
				人工费	材料费	机械费	管理费和利润	人工费	材料费	机械费	管理费和利润
人工单价		小计									
元/工日		未计价材料费									
清单项目综合单价											

材料费明细	主要材料名称、规格、型号	单位	数量	单价/元	合价/元	暂估单价/元	暂估合价/元
	材料费小计				—		—

分部分项工程量综合单价分析表

工程名称：　　　　　　　　　　　　　　　　　　　　　第　页　共　页

项目编码			项目名称			计量单位		工程量	
清单综合单价组成明细									
定额编号	定额项目名称	定额单位	数量	单价/元				合价/元			
				人工费	材料费	机械费	管理费和利润	人工费	材料费	机械费	管理费和利润
人工单价			小计								
元/工日			未计价材料费								
清单项目综合单价											

材料费明细	主要材料名称、规格、型号	单位	数量	单价/元	合价/元	暂估单价/元	暂估合价/元
	材料费小计				—		—

分部分项工程量综合单价分析表

工程名称：   第 页 共 页

项目编码		项目名称		计量单位		工程量	
清单综合单价组成明细							

定额编号	定额项目名称	定额单位	数量	单价/元				合价/元			
				人工费	材料费	机械费	管理费和利润	人工费	材料费	机械费	管理费和利润

人工单价		小计							
元/工日		未计价材料费							
清单项目综合单价									

材料费明细	主要材料名称、规格、型号	单位	数量	单价/元	合价/元	暂估单价/元	暂估合价/元
	材料费小计			—		—	

分部分项工程量综合单价分析表

工程名称：　　　　　　　　　　　　　　　　　　　　　　　　　第　页　共　页

项目编码				项目名称				计量单位		工程量	
清单综合单价组成明细											
定额编号	定额项目名称	定额单位	数量	单价/元				合价/元			
				人工费	材料费	机械费	管理费和利润	人工费	材料费	机械费	管理费和利润
人工单价		小计									
元/工日		未计价材料费									
清单项目综合单价											

	主要材料名称、规格、型号	单位	数量	单价/元	合价/元	暂估单价/元	暂估合价/元
材料费明细							
	材料费小计			—		—	

分部分项工程量综合单价分析表

工程名称：　　　　　　　　　　　　　　　　　　　　　　　　　　第　页　共　页

项目编码		项目名称			计量单位		工程量	
清单综合单价组成明细								
定额编号	定额项目名称	定额单位	数量	单价/元				合价/元			

定额编号	定额项目名称	定额单位	数量	人工费	材料费	机械费	管理费和利润	人工费	材料费	机械费	管理费和利润

人工单价		小计			
元/工日		未计价材料费			
清单项目综合单价					

主要材料名称、规格、型号	单位	数量	单价/元	合价/元	暂估单价/元	暂估合价/元
材料费小计				—		—

（表格左侧纵向标注："材料费明细"）

项目 2a　土石方工程定额计价(2 学时)

1. 实训目的

1)能读懂建筑设计总说明、工程做法表和建筑施工图(平面、立面、剖面、详图)。

2)能结合实际工程进行土石方工程定额工程量计算,并能计算出定额分部分项工程费用。

3)熟练把握土石方工程手工计量与计价的方法和技巧。

2. 实训内容

1)计算平整场地、原土夯实、人工挖沟槽基坑、人工装汽车运余土、回填土的定额工程量。本工程土壤类别按三类土计算,考虑工作面和放坡;采用人工挖土方及人工素土夯实,挖土机装土自卸汽车运土,运距 5 km。

2)查找上述分项工程的定额子目。

3)计算分部分项工程费。

3. 编制依据

1)办公楼工程建筑结构施工图。

2)《广东省建筑与装饰工程综合定额》(2010)(上册、中册、下册)。

3)《广东省建设施工机械台班费用》(2010)。

4. 实训步骤

1)熟悉办公楼工程图纸,了解项目概况,搜集各种编制依据及资料。

2)根据办公楼施工方法和施工说明,分析土石方工程的挖土类型。

3)根据综合定额各章说明和计算规则,找出相应的综合定额子目。

4)根据所套用的定额子目计算出定额分部分项工程费。

5. 定额工程量计算表

按给定的计算表格填写。

6. 定额分部分项工程预算表

按给定的预算表格填写,并汇总计算出土石方工程定额分部分项工程总费用。

定额工程量计算表

工程名称：　　　　　　　　　　　　　　　　　　　第　页　共　页

序号	定额编号	项目名称 或轴线位置说明	工程量计算式	计量 单位	工程 量

定额工程量计算表

工程名称：　　　　　　　　　　　　　　　　　　　　　第　　页　共　　页

序号	定额编号	项目名称 或轴线位置说明	工程量计算式	计量 单位	工程 量

定额工程量计算表

工程名称：   第　页　共　页

序号	定额编号	项目名称 或轴线位置说明	工程量计算式	计量 单位	工程 量

定额分部分项工程预算表

工程名称：   第　页　共　页

序号	定额编号	子目名称及说明	计量单位	工程数量	定额基价/元	合价/元
		分部小计				

项目 2b　土石方工程清单计价(2 学时)

1. 实训目的

1)能读懂建筑设计总说明、工程做法表和建筑施工图(平面、立面、剖面、详图)。

2)能根据《房屋建筑与装饰工程工程量计算规范》(GB 50854—2013)计算土石方工程清单工程量,并能计算出清单分部分项工程费用。

3)熟练把握土石方工程手工计量与计价的方法和技巧。

2. 实训内容

1)计算平整场地、挖基坑、挖沟槽、余方弃置和回填土工程量。本工程土壤类别按三类土计算;采用人工挖土方及素土夯实,挖土机装土自卸汽车运土,运距 5 km;采用人工夯实回填土。

2)根据《房屋建筑与装饰工程工程量计算规范》(GB 50854—2013)查找上述分项工程的清单编码、填写项目特征、计量单位,编制分部分项工程和单价措施项目清单与计价表。

3)计算分部分项工程费和综合单价。

3. 编制依据

1)办公楼工程建筑结构施工图。

2)《房屋建筑与装饰工程工程量计算规范》(GB 50854—2013)。

3)《广东省建筑与装饰工程综合定额》(2010)(上册、中册、下册)。

4)《广东省建筑与装饰工程工程量清单计价指引》(2010)(以下称计价指引)。

5)《广东省建设施工机械台班费用》(2010)。

4. 实训步骤

1)熟悉办公楼工程图纸,了解项目概况,搜集各种编制依据及资料。

2)根据办公楼施工方法和施工说明,重点注意基坑沟槽的挖土深度,室外地坪以下的埋设物的体积。

3)根据计价指引的要求,确定项目编码、项目特征及计量单位、工程内容,计算清单工程量。

4)根据综合定额(2010 下册)各章说明和计算规则,找出相应的综合定额子目。

5)计算措施项目费和综合单价。

5. 清单工程量计算表

按给定的计算表格填写。

6. 分部分项工程和单价措施项目清单与计价表

按给定的计算表格填写,并汇总计算脚手架工程措施项目费用。

7. 分部分项工程量综合单价分析表

按给定的表格填写,计算分项工程综合单价。

清单工程量计算表

工程名称：　　　　　　　　　　　　　　　　　　　　　第　页　共　页

序号	清单编码	项目名称或轴线位置说明	工程量计算式	计量单位	工程量

清单工程量计算表

工程名称：   第　　页　共　　页

序号	清单编码	项目名称 或轴线位置说明	工程量计算式	计量 单位	工程 量

清单工程量计算表

工程名称：　　　　　　　　　　　　　　　　　　　　　　　第　页　共　页

序号	清单编码	项目名称 或轴线位置说明	工程量计算式	计量 单位	工程 量

分部分项工程和单价措施项目清单与计价表

工程名称：　　　　　　　　　　　　　　　　　　　　　　　第　页　共　页

序号	项目编码	项目名称	项目特征描述	计量单位	工程量	金　额/元		
						综合单价	合价	其中：暂估价
			分部小计					
			本页小计					
			合　计					

分部分项工程量综合单价分析表

工程名称： 第 页 共 页

项目编码		项目名称		计量单位		工程量	
清单综合单价组成明细							

定额编号	定额项目名称	定额单位	数量	单价/元				合价/元			
				人工费	材料费	机械费	管理费和利润	人工费	材料费	机械费	管理费和利润

人工单价		小计									
元/工日		未计价材料费									
清单项目综合单价											

	主要材料名称、规格、型号	单位	数量	单价/元	合价/元	暂估单价/元	暂估合价/元
材料费明细							
	材料费小计			—		—	

分部分项工程量综合单价分析表

工程名称：　　　　　　　　　　　　　　　　　　　　第　页　共　页

项目编码		项目名称		计量单位		工程量	

清单综合单价组成明细

定额编号	定额项目名称	定额单位	数量	单价/元				合价/元			
				人工费	材料费	机械费	管理费和利润	人工费	材料费	机械费	管理费和利润

人工单价		小计	
元/工日		未计价材料费	

清单项目综合单价

材料费明细	主要材料名称、规格、型号	单位	数量	单价/元	合价/元	暂估单价/元	暂估合价/元
	材料费小计				—		—

分部分项工程量综合单价分析表

工程名称：　　　　　　　　　　　　　　　　　　　　　　　　第　页　共　页

项目编码				项目名称				计量单位		工程量	
清单综合单价组成明细											
定额编号	定额项目名称	定额单位	数量	单价/元				合价/元			
				人工费	材料费	机械费	管理费和利润	人工费	材料费	机械费	管理费和利润
人工单价			小计								
元/工日			未计价材料费								
清单项目综合单价											

材料费明细	主要材料名称、规格、型号	单位	数量	单价/元	合价/元	暂估单价/元	暂估合价/元
	材料费小计			—		—	

分部分项工程量综合单价分析表

工程名称：　　　　　　　　　　　　　　　　　　　　第　　页　共　　页

项目编码			项目名称		计量单位		工程量	
清单综合单价组成明细								

定额编号	定额项目名称	定额单位	数量	单价/元				合价/元			
				人工费	材料费	机械费	管理费和利润	人工费	材料费	机械费	管理费和利润
人工单价			小计								
元/工日			未计价材料费								
清单项目综合单价											

主要材料名称、规格、型号	单位	数量	单价/元	合价/元	暂估单价/元	暂估合价/元
材料费明细						
材料费小计			—		—	

分部分项工程量综合单价分析表

工程名称：

项目编码		项目名称		计量单位		工程量	

清单综合单价组成明细

定额编号	定额项目名称	定额单位	数量	单价/元				合价/元			
				人工费	材料费	机械费	管理费和利润	人工费	材料费	机械费	管理费和利润

人工单价	小计	
元/工日	未计价材料费	
清单项目综合单价		

	主要材料名称、规格、型号	单位	数量	单价/元	合价/元	暂估单价/元	暂估合价/元
材料费明细							
	材料费小计			—		—	

项目 3a 桩基础工程定额计价(2 学时)

1. 实训目的

1)能读懂建筑设计总说明、工程做法表和建筑施工图(平面、立面、剖面、详图)。

2)能根据办公楼图纸计算桩基工程定额工程量,并能计算出定额分部分项工程费用。

3)熟练把握桩基工程手工计量与计价的方法和技巧。

2. 实训内容

1)计算预制钢筋混凝土管桩压桩、试验桩、送桩、桩尖工程量。

2)查找上述分项工程的定额子目。

3)计算定额分部分项工程费。

3. 编制依据

1)办公楼工程建筑结构施工图。

2)《广东省建筑与装饰工程综合定额》(2010)(上册、中册、下册)。

3)《广东省建设施工机械台班费用》(2010)。

4. 实训步骤

1)熟悉办公楼工程图纸,了解项目概况,搜集各种编制依据及资料。

2)根据办公楼施工方法和施工说明,重点注意打(压)试验桩、送桩的定额子目,人工、机械台班消耗量要乘以相应的系数。

3)根据综合定额各章说明和计算规则,找出相应的综合定额子目。

4)根据所套用的定额子目计算出定额分部分项工程费。

5. 定额工程量计算表

按给定的计算表格填写。

6. 定额分部分项工程预算表

按给定的计算表格填写,并汇总计算出桩基础工程定额分部分项工程总费用。

7. 其他说明

1)施工场地离建筑物较远,比较开阔,所以选用从中间向四周对称施打的顺序施工,压试验桩 4 根。

2)为将管桩压到设计标高,需要采用送桩器送桩,预算按每根桩送桩到 -0.8 m。

3)钢桩靴采用封底十字刀刃,净重 35 kg。

定额工程量计算表

工程名称：　　　　　　　　　　　　　　　　　　　　第　页　共　页

序号	定额编号	项目名称或轴线位置说明	工程量计算式	计量单位	工程量

定额分部分项工程预算表

工程名称： 第 页 共 页

序号	定额编号	子目名称及说明	计量单位	工程量	定额基价/元	合价/元
		分部小计				

项目 3b　桩基础工程清单计价(2 学时)

1. 实训目的

1)能读懂建筑设计总说明、工程做法表和建筑施工图(平面、立面、剖面、详图)。

2)能根据《房屋建筑与装饰工程工程量计算规范》(GB 50854—2013)计算规则计算桩基础工程清单工程量,并能计算出清单分部分项工程费用。

3)熟练把握桩基工程手工计量与计价的方法和技巧。

2. 实训内容

1)计算预制钢筋混凝土管桩压桩、试验桩、送桩、桩尖工程量。

2)计算上述清单综合单价。

3)计算分部分项工程费。

3. 编制依据

1)办公楼工程建筑结构施工图。

2)《房屋建筑与装饰工程工程量计算规范》(GB 50854—2013)。

3)《广东省建筑与装饰工程综合定额》(2010)(上册、中册、下册)。

4)《广东省建筑与装饰工程工程量清单计价指引》(2010)(以下称计价指引)。

5)《广东省建设施工机械台班费用》(2010)。

4. 实训步骤

1)熟悉办公楼工程图纸,了解项目概况,搜集各种编制依据及资料。

2)根据办公楼施工方法和施工说明,重点注意压预制混凝土的工作内容,人工、机械台班需要乘以的系数。

3)根据计价指引的要求,确定项目编码、项目特征、计量单位及工程内容,计算清单工程量。

4)套用相应的综合定额子目(见项目 3:桩基础工程定额计价),计算综合单价。

5)计算清单分部分项工程费。

5. 清单工程量计算表

按给定的计算表格填写。

6. 分部分项工程和单价措施项目清单与计价表

按给定的计算表格填写,并汇总计算桩基工程清单分部分项工程费。

7. 分部分项工程量综合单价分析表

按给定的表格填写,计算分项工程综合单价。

8. 其他说明

1)施工场地离建筑物较远,比较开阔,所以选用从中间向四周对称施打的顺序施工,压试验桩 4 根。

2)为将管桩压到设计标高,需要采用送桩器送桩,预算按每根桩送桩到-0.8 m。

3)钢桩靴采用封底十字刀刃,净重 35 kg。

清单工程量计算表

工程名称：   第　　页　共　　页

序号	清单编码	项目名称 或轴线位置说明	工程量计算式	计量 单位	工程 量

分部分项工程和单价措施项目清单与计价表

工程名称：　　　　　　　　　　　　　　　　　　　　第　页　共　页

序号	项目编码	项目名称	项目特征描述	计量单位	工程量	金额/元		
						综合单价	合价	其中：暂估价
		分部小计						
		本页小计						
		合　计						

分部分项工程量综合单价分析表

工程名称：　　　　　　　　　　　　　　　　　　　　　第　页　共　页

项目编码		项目名称		计量单位		工程量	
清单综合单价组成明细							

定额编号	定额项目名称	定额单位	数量	单价/元				合价/元			
				人工费	材料费	机械费	管理费和利润	人工费	材料费	机械费	管理费和利润
人工单价			小计								
元/工日			未计价材料费								
清单项目综合单价											

材料费明细	主要材料名称、规格、型号	单位	数量	单价/元	合价/元	暂估单价/元	暂估合价/元
	材料费小计				—		—

分部分项工程量综合单价分析表

工程名称：　　　　　　　　　　　　　　　　　　　　　　第　页　共　页

项目编码		项目名称		计量单位		工程量	
清单综合单价组成明细							

定额编号	定额项目名称	定额单位	数量	单价/元				合价/元			
				人工费	材料费	机械费	管理费和利润	人工费	材料费	机械费	管理费和利润

人工单价		小计									
元/工日		未计价材料费									
清单项目综合单价											

材料费明细	主要材料名称、规格、型号	单位	数量	单价/元	合价/元	暂估单价/元	暂估合价/元
	材料费小计			—		—	

分部分项工程量综合单价分析表

工程名称：　　　　　　　　　　　　　　　　　　第　页　共　页

项目编码			项目名称			计量单位		工程量	
清单综合单价组成明细									

定额编号	定额项目名称	定额单位	数量	单价/元				合价/元			
				人工费	材料费	机械费	管理费和利润	人工费	材料费	机械费	管理费和利润

人工单价		小计			
元/工日		未计价材料费			
清单项目综合单价					

材料费明细	主要材料名称、规格、型号	单位	数量	单价/元	合价/元	暂估单价/元	暂估合价/元
	材料费小计			—		—	

项目 4a 砌筑工程定额计价(2 学时)

1. 实训目的

1)能读懂建筑设计总说明、工程做法表和建筑施工图(平面、立面、剖面、详图)。

2)能计算砌筑工程定额工程量,并能计算定额分部分项工程费。

3)熟练把握砌筑工程手工计量与计价的方法和技巧。

2. 实训内容

1)计算混水砖外墙、内墙、女儿墙及零星砌体的定额工程量。

2)查找上述分项工程的定额子目。

3)计算分部分项工程费。

3. 编制依据

1)办公楼工程建筑结构施工图。

2)《广东省建筑与装饰工程综合定额》(2010)(上册、中册、下册)。

3)《广东省建设施工机械台班费用》(2010)。

4. 实训步骤

1)熟悉办公楼工程图纸,了解项目概况,搜集各种编制依据及资料。

2)根据办公楼施工方法和施工说明,分析砌筑工程的墙体类型。

3)根据综合定额的章说明和计算规则,找出相应的综合定额子目。

4)根据所套用的定额子目计算出定额分部分项工程费。

5. 定额工程量计算表

按给定的计算表格填写。

6. 定额分部分项工程预算表

按给定的计算表格填写,并汇总计算出砌筑工程定额分部分项工程费。

定额工程量计算表

工程名称： 第 页 共 页

序号	定额编号	项目名称 或轴线位置说明	工程量计算式	计量 单位	工程 量

定额工程量计算表

工程名称： 第 页 共 页

序号	定额编号	项目名称 或轴线位置说明	工程量计算式	计量 单位	工程 量

定额工程量计算表

工程名称：   第   页   共   页

序号	定额编号	项目名称或轴线位置说明	工程量计算式	计量单位	工程量

定额分部分项工程预算表

工程名称：   第   页   共   页

序号	定额编号	子目名称及说明	计量单位	工程量	定额基价/元	合价/元
		分部小计				

项目 4b　砌筑工程清单计价(2 学时)

1. 实训目的

1)能读懂建筑设计总说明、工程做法表和建筑施工图(平面、立面、剖面、详图)。

2)能根据《房屋建筑与装饰工程工程量计算规范》(GB 50854—2013)计算砌筑工程清单工程量,并能计算综合单价及清单分部分项工程费。

3)熟练把握砌筑工程手工计量与计价的方法和技巧。

2. 实训内容

1)计算实心砖墙、零星砌砖清单工程量,并编制工程量清单。

2)计算上述清单综合单价。

3)计算分部分项工程费。

3. 编制依据

1)办公楼工程建筑结构施工图。

2)《房屋建筑与装饰工程工程量计算规范》(GB 50854—2013)。

3)《广东省建筑与装饰工程综合定额》(2010)(上册、中册、下册)。

4)《广东省建筑与装饰工程工程量清单计价指引》(2010)(以下称计价指引)。

5)《广东省建设施工机械台班费用》(2010)。

4. 实训步骤

1)熟悉办公楼工程图纸,了解项目概况,搜集各种编制依据及资料。

2)根据办公楼施工方法和施工说明,列出砌筑工程的清单项目名称。

3)根据计价指引的要求,确定项目编码、项目特征、计量单位及工程内容,计算清单工程量。

4)套用相应的综合定额子目(见项目 4:砌筑工程定额计价),计算综合单价。

5)计算清单分部分项工程费。

5. 清单工程量计算表

按给定的计算表格填写。

6. 分部分项工程和单价措施项目清单与计价表

按给定的计算表格填写,并汇总计算出砌筑工程清单分部分项工程费。

7. 分部分项工程量综合单价分析表

按给定的计算表格填写。

清单工程量计算表

工程名称：　　　　　　　　　　　　　　　　　　　　　　第　　页　共　　页

序号	清单编码	项目名称 或轴线位置说明	工程量计算式	计量 单位	工程 量

清单工程量计算表

工程名称：　　　　　　　　　　　　　　　　　　　　　　第　页　共　页

序号	清单编码	项目名称或轴线位置说明	工程量计算式	计量单位	工程量

清单工程量计算表

工程名称：   第　页　共　页

序号	清单编码	项目名称 或轴线位置说明	工程量计算式	计量 单位	工程 量

分部分项工程和单价措施项目清单与计价表

工程名称：

序号	项目编码	项目名称	项目特征描述	计量单位	工程量	金　额/元		
						综合单价	合价	其中：暂估价
		分部小计						
		本页小计						
		合　计						

分部分项工程量综合单价分析表

工程名称：   第　页　共　页

项目编码		项目名称		计量单位		工程量	

清单综合单价组成明细

定额编号	定额项目名称	定额单位	数量	单价/元				合价/元			
				人工费	材料费	机械费	管理费和利润	人工费	材料费	机械费	管理费和利润

人工单价	小计	
元/工日	未计价材料费	

清单项目综合单价	

主要材料名称、规格、型号	单位	数量	单价/元	合价/元	暂估单价/元	暂估合价/元
材料费小计				—		—

材料费明细

分部分项工程量综合单价分析表

工程名称：　　　　　　　　　　　　　　　　　　　　　　第　页　共　页

项目编码			项目名称			计量单位		工程量	
清单综合单价组成明细									
定额编号	定额项目名称	定额单位	数量	单价/元				合价/元			
				人工费	材料费	机械费	管理费和利润	人工费	材料费	机械费	管理费和利润
人工单价			小计								
元/工日			未计价材料费								
清单项目综合单价											

	主要材料名称、规格、型号	单位	数量	单价/元	合价/元	暂估单价/元	暂估合价/元
材料费明细							
	材料费小计				—		—

分部分项工程量综合单价分析表

工程名称：   第　页　共　页

项目编码		项目名称		计量单位		工程量	
清单综合单价组成明细							

定额编号	定额项目名称	定额单位	数量	单价/元				合价/元			
				人工费	材料费	机械费	管理费和利润	人工费	材料费	机械费	管理费和利润

人工单价		小计					
元/工日		未计价材料费					
清单项目综合单价							

材料费明细	主要材料名称、规格、型号	单位	数量	单价/元	合价/元	暂估单价/元	暂估合价/元
	材料费小计			—		—	

分部分项工程量综合单价分析表

工程名称：　　　　　　　　　　　　　　　　　　　　　　　　　　第　页　共　页

项目编码			项目名称			计量单位		工程量	
清单综合单价组成明细									
定额编号	定额项目名称	定额单位	数量	单价/元				合价/元	
				人工费	材料费	机械费	管理费和利润	人工费	材料费	机械费	管理费和利润
人工单价				小计					
元/工日				未计价材料费					
清单项目综合单价									

	主要材料名称、规格、型号	单位	数量	单价/元	合价/元	暂估单价/元	暂估合价/元
材料费明细							
	材料费小计			—		—	

分部分项工程量综合单价分析表

工程名称：　　　　　　　　　　　　　　　　　　　　　　第　页　共　页

项目编码		项目名称		计量单位	工程量			
清单综合单价组成明细								
定额编号	定额项目名称	定额单位	数量	单价/元				合价/元
				人工费	材料费	机械费	管理费和利润	人工费	材料费	机械费	管理费和利润

人工单价		小计					
元/工日		未计价材料费					
清单项目综合单价							

	主要材料名称、规格、型号	单位	数量	单价/元	合价/元	暂估单价/元	暂估合价/元
材料费明细							
	材料费小计			—		—	

项目 5a　混凝土及钢筋混凝土工程定额计价(2 学时)

1. 实训目的

1)能读懂建筑设计总说明、工程做法表和建筑施工图(平面、立面、剖面、详图)。

2)能结合实际工程进行混凝土及钢筋混凝土工程定额工程量计算,并能计算出定额分部分项工程费用。

3)熟练把握混凝土及钢筋混凝土工程手工计量与计价的方法和技巧。

2. 实训内容

1)计算基础垫层、承台、基础梁、柱、梁、板、楼梯、阳台及零星的混凝土构件定额工程量。

2)查找上述分项工程的定额子目。

3)计算分部分项工程费。

3. 编制依据

1)办公楼工程建筑结构施工图。

2)《广东省建筑与装饰工程综合定额》(2010)(上册、中册、下册)。

3)《广东省建设施工机械台班费用》(2010)。

4. 实训步骤

1)熟悉办公楼工程图纸,了解项目概况,搜集各种编制依据及资料。

2)根据办公楼施工方法和施工说明,分析混凝土构件之间的连接关系。

3)根据综合定额各章说明和计算规则,找出相应的综合定额子目。

4)根据所套用的定额子目计算出定额分部分项工程费。

5. 定额工程量计算表

按给定的计算表格填写。

6. 定额分部分项工程预算表

按给定的计算表格填写,并汇总计算出混凝土及钢筋混凝土工程定额分部分项工程总费用。

7. 其他说明

本工程不计算过梁(建施 03 图上的 A-A 剖面图 4 轴上的梁)挑出的混凝土装饰线。

定额工程量计算表

工程名称：　　　　　　　　　　　　　　　　　　　　　　第　页　共　页

序号	定额编号	项目名称 或轴线位置说明	工程量计算式	计量 单位	工程 量

定额工程量计算表

工程名称：   第　页　共　页

序号	定额编号	项目名称或轴线位置说明	工程量计算式	计量单位	工程量

定额工程量计算表

工程名称：　　　　　　　　　　　　　　　　　　　　　　　第　页　共　页

序号	定额编号	项目名称 或轴线位置说明	工程量计算式	计量 单位	工程 量

定额工程量计算表

工程名称：   第　页　共　页

序号	定额编号	项目名称 或轴线位置说明	工程量计算式	计量 单位	工程 量

定额工程量计算表

工程名称：   第　页　共　页

序号	定额编号	项目名称 或轴线位置说明	工程量计算式	计量 单位	工程 量

定额分部分项工程预算表

工程名称：　　　　　　　　　　　　　　　　　　　　　　第　　页　共　　页

序号	定额编号	子目名称及说明	计量单位	工程量	定额基价/元	合价/元
		本页小计				

定额分部分项工程预算表

工程名称：　　　　　　　　　　　　　　　　　　　第　页　共　页

序号	定额编号	子目名称及说明	计量单位	工程量	定额基价/元	合价/元
		本页小计				
		合　计				

项目5b　混凝土及钢筋混凝土工程清单计价(4学时)

1. 实训目的

1)能读懂建筑设计总说明、工程做法表和建筑施工图(平面、立面、剖面、详图)。

2)能根据《房屋建筑与装饰工程工程量计算规范》(GB 50854—2013)计算混凝土及钢筋混凝土清单工程量,并能计算出清单分部分项工程费用。

3)熟练把握混凝土及钢筋混凝土手工计量与计价的方法和技巧。

2. 实训内容

1)计算基础垫层、承台、基础梁、柱、梁、板、楼梯、阳台及零星的混凝土构件工程量。

2)根据《房屋建筑与装饰工程工程量计算规范》(GB 50854—2013)查找上述分项工程的清单编码,填写项目特征、计量单位,编制分部分项工程和单价措施项目清单与计价表。

3)计算分部分项工程费和综合单价。

3. 编制依据

1)办公楼工程建筑结构施工图。

2)《房屋建筑与装饰工程工程量计算规范》(GB 50854—2013)。

3)《广东省建筑与装饰工程综合定额》(2010)(上册、中册、下册)。

4)《广东省建筑与装饰工程工程量清单计价指引》(2010)(以下称计价指引)。

5)《广东省建设施工机械台班费用》(2010)。

4. 实训步骤

1)熟悉办公楼工程图纸,了解项目概况,搜集各种编制依据及资料。

2)根据办公楼施工方法和施工说明,重点注意基础垫层、承台、基础梁、柱、梁、板、楼梯、阳台及零星的混凝土构件的定义。

3)根据计价指引的要求,确定项目编码、项目特征、计量单位及工程内容,计算清单工程量。

4)根据《广东省建筑与装饰工程综合定额》(2010上册)的各章说明和计算规则,找出相应的综合定额子目。

5)计算措施项目费和综合单价。

5. 清单工程量计算表

按给定的计算表格填写。

6. 分部分项工程和单价措施项目清单与计价表

按给定的计算表格填写,并汇总计算混凝土及钢筋混凝土工程项目费用。

7. 分部分项工程量综合单价分析表

按给定的表格填写,计算分项工程综合单价。

清单工程量计算表

工程名称：　　　　　　　　　　　　　　　　　　　　　　　　　第　页　共　页

序号	清单编码	项目名称 或轴线位置说明	工程量计算式	计量 单位	工程 量

清单工程量计算表

工程名称：   第   页 共   页

序号	清单编码	项目名称 或轴线位置说明	工程量计算式	计量 单位	工程 量

清单工程量计算表

工程名称：   第　页　共　页

序号	清单编码	项目名称 或轴线位置说明	工程量计算式	计量 单位	工程 量

清单工程量计算表

工程名称：　　　　　　　　　　　　　　　　　　　　　　　第　页　共　页

序号	清单编码	项目名称 或轴线位置说明	工程量计算式	计量 单位	工程 量

清单工程量计算表

工程名称：   第　页　共　页

序号	清单编码	项目名称 或轴线位置说明	工程量计算式	计量 单位	工程 量

分部分项工程和单价措施项目清单与计价表

工程名称：　　　　　　　　　　　　　　　　　　　　　第　页　共　页

序号	项目编码	项目名称	项目特征描述	计量单位	工程量	金额/元		
						综合单价	合价	其中：暂估价
			分部小计					
			本页小计					
			合　计					

分部分项工程量综合单价分析表

工程名称： 第 页 共 页

项目编码			项目名称			计量单位		工程量	
清单综合单价组成明细									
定额编号	定额项目名称	定额单位	数量	单价/元				合价/元			
				人工费	材料费	机械费	管理费和利润	人工费	材料费	机械费	管理费和利润
人工单价		小计									
元/工日		未计价材料费									
清单项目综合单价											

材料费明细	主要材料名称、规格、型号	单位	数量	单价/元	合价/元	暂估单价/元	暂估合价/元
	材料费小计					—	—

分部分项工程量综合单价分析表

工程名称：　　　　　　　　　　　　　　　　　　　　　　　第　页　共　页

项目编码			项目名称		计量单位		工程量	
清单综合单价组成明细								

定额编号	定额项目名称	定额单位	数量	单价/元				合价/元			
				人工费	材料费	机械费	管理费和利润	人工费	材料费	机械费	管理费和利润
人工单价			小计								
元/工日			未计价材料费								
清单项目综合单价											

材料费明细	主要材料名称、规格、型号	单位	数量	单价/元	合价/元	暂估单价/元	暂估合价/元
	材料费小计				—		—

分部分项工程量综合单价分析表

工程名称：　　　　　　　　　　　　　　　　　　　　　　第　　页　共　　页

项目编码					项目名称			计量单位		工程量	
清单综合单价组成明细											
定额编号	定额项目名称	定额单位	数量	单价/元				合价/元			
				人工费	材料费	机械费	管理费和利润	人工费	材料费	机械费	管理费和利润
人工单价			小计								
元/工日			未计价材料费								
清单项目综合单价											

	主要材料名称、规格、型号	单位	数量	单价/元	合价/元	暂估单价/元	暂估合价/元
材料费明细							
	材料费小计			—		—	

分部分项工程量综合单价分析表

项目编码		项目名称		计量单位		工程量	
清单综合单价组成明细							

定额编号	定额项目名称	定额单位	数量	单价/元				合价/元			
				人工费	材料费	机械费	管理费和利润	人工费	材料费	机械费	管理费和利润

人工单价		小计		
元/工日		未计价材料费		
清单项目综合单价				

	主要材料名称、规格、型号	单位	数量	单价/元	合价/元	暂估单价/元	暂估合价/元
材料费明细							
	材料费小计			—		—	

分部分项工程量综合单价分析表

工程名称：   第　页　共　页

项目编码		项目名称		计量单位		工程量	
清单综合单价组成明细							

定额编号	定额项目名称	定额单位	数量	单价/元				合价/元			
				人工费	材料费	机械费	管理费和利润	人工费	材料费	机械费	管理费和利润

人工单价		小计						
元/工日		未计价材料费						
清单项目综合单价								

材料费明细	主要材料名称、规格、型号	单位	数量	单价/元	合价/元	暂估单价/元	暂估合价/元
	材料费小计			—		—	

分部分项工程量综合单价分析表

工程名称：   第　页　共　页

项目编码			项目名称			计量单位		工程量	
清单综合单价组成明细									

定额编号	定额项目名称	定额单位	数量	单价/元				合价/元			
				人工费	材料费	机械费	管理费和利润	人工费	材料费	机械费	管理费和利润

人工单价			小计								
元/工日			未计价材料费								
清单项目综合单价											

	主要材料名称、规格、型号	单位	数量	单价/元	合价/元	暂估单价/元	暂估合价/元
材料费明细							
	材料费小计			—		—	

分部分项工程量综合单价分析表

工程名称：　　　　　　　　　　　　　　　　　　　　第　页　共　页

项目编码		项目名称		计量单位		工程量	
清单综合单价组成明细							

定额编号	定额项目名称	定额单位	数量	单价/元				合价/元			
				人工费	材料费	机械费	管理费和利润	人工费	材料费	机械费	管理费和利润

人工单价		小计			
元/工日		未计价材料费			
清单项目综合单价					

材料费明细	主要材料名称、规格、型号	单位	数量	单价/元	合价/元	暂估单价/元	暂估合价/元
	材料费小计			—		—	

分部分项工程量综合单价分析表

工程名称：   第　页　共　页

项目编码		项目名称		计量单位		工程量	
清单综合单价组成明细							

定额编号	定额项目名称	定额单位	数量	单价/元				合价/元			
				人工费	材料费	机械费	管理费和利润	人工费	材料费	机械费	管理费和利润

人工单价			小计								
元/工日			未计价材料费								
清单项目综合单价											

	主要材料名称、规格、型号	单位	数量	单价/元	合价/元	暂估单价/元	暂估合价/元
材料费明细							
	材料费小计				—		—

分部分项工程量综合单价分析表

工程名称：　　　　　　　　　　　　　　　　　　　　　　　　第　页　共　页

项目编码		项目名称		计量单位		工程量	
清单综合单价组成明细							

定额编号	定额项目名称	定额单位	数量	单价/元				合价/元			
				人工费	材料费	机械费	管理费和利润	人工费	材料费	机械费	管理费和利润

人工单价		小计			
元/工日		未计价材料费			
清单项目综合单价					

材料费明细	主要材料名称、规格、型号	单位	数量	单价/元	合价/元	暂估单价/元	暂估合价/元
	材料费小计			—		—	

分部分项工程量综合单价分析表

工程名称：   第　页　共　页

项目编码			项目名称			计量单位		工程量	
清单综合单价组成明细									

定额编号	定额项目名称	定额单位	数量	单价/元				合价/元			
				人工费	材料费	机械费	管理费和利润	人工费	材料费	机械费	管理费和利润
人工单价			小计								
元/工日			未计价材料费								
清单项目综合单价											

	主要材料名称、规格、型号	单位	数量	单价/元	合价/元	暂估单价/元	暂估合价/元
材料费明细							
	材料费小计			—		—	

分部分项工程量综合单价分析表

工程名称：   第　页　共　页

项目编码		项目名称		计量单位		工程量	
清单综合单价组成明细							

定额编号	定额项目名称	定额单位	数量	单价/元				合价/元			
				人工费	材料费	机械费	管理费和利润	人工费	材料费	机械费	管理费和利润

人工单价		小计		
元/工日		未计价材料费		
清单项目综合单价				

	主要材料名称、规格、型号	单位	数量	单价/元	合价/元	暂估单价/元	暂估合价/元
材料费明细							
	材料费小计			—		—	

项目 6a　门窗工程定额计价(1 学时)

1. 实训目的

1)能读懂建筑设计总说明、工程做法表和建筑施工图(平面、立面、剖面、详图)。

2)能根据办公楼图纸计算门窗工程定额工程量,并能计算出定额分部分项工程费用。

3)熟练把握建筑门窗工程手工计量与计价的方法和技巧。

2. 实训内容

1)计算首层、二层、三层门窗面积。

2)查找上述分项工程的定额子目。

3)计算定额分部分项工程费。

3. 编制依据

1)办公楼工程建筑结构施工图。

2)《广东省建筑与装饰工程综合定额》(2010)(上册、中册、下册)。

3)《广东省建设施工机械台班费用》(2010)。

4. 实训步骤

1)熟悉办公楼工程图纸,了解项目概况,搜集各种编制依据及资料。

2)根据办公楼施工方法和施工说明,重点注意洞口尺寸和框外围面积的区别。

3)根据综合定额的各章说明和计算规则,找出相应的综合定额子目。

4)根据所套用的定额子目计算出定额分部分项工程费。

5. 定额工程量计算表

按给定的计算表格填写。

6. 定额分部分项工程预算表

按给定的计算表格填写,并汇总计算门窗工程定额分部分项工程总费用。

定额工程量计算表

工程名称：   第　　页　共　　页

序号	定额编号	项目名称 或轴线位置说明	工程量计算式	计量 单位	工程 量

定额分部分项工程预算表

工程名称：   第　　页　共　　页

序号	定额编号	子目名称及说明	计量单位	工程量	定额基价/元	合价/元
		分部小计				

项目 6b　门窗工程清单计价(1 学时)

1. 实训目的

1)能读懂建筑设计总说明、工程做法表和建筑施工图(平面、立面、剖面、详图)。

2)能根据《房屋建筑与装饰工程工程量计算规范》(GB50854—2013)计算门窗工程清单工程量,并能计算出清单分部分项工程费用。

3)熟练把握门窗工程手工计量与计价的方法和技巧。

2. 实训内容

1)计算门窗工程量。

2)根据《房屋建筑与装饰工程工程量计算规范》(GB50854—2013)查找上述分项工程的清单编码、填写项目特征、计量单位,编制分部分项工程和单价措施项目清单与计价表。

3)计算分部分项工程费和综合单价。

3. 编制依据

1)办公楼工程建筑结构施工图。

2)《房屋建筑与装饰工程工程量计算规范》(GB 50854—2013)。

3)《广东省建筑与装饰工程综合定额》(2010)(上册、中册、下册)。

4)《广东省建筑与装饰工程工程量清单计价指引》(2010)(以下称计价指引)。

5)《广东省建设施工机械台班费用》(2010)。

4. 实训步骤

1)熟悉办公楼工程图纸,了解项目概况,搜集各种编制依据及资料。

2)根据计价指引的要求,确定项目编码、项目特征、计量单位及工程内容,计算清单工程量。

3)根据《广东省建筑与装饰工程综合定额》(2010 上册)的各章说明和计算规则,找出相应的综合定额子目。

4)计算门窗工程分部分项工程费和综合单价。

5. 清单工程量计算表

按给定的计算表格填写。

6. 分部分项工程和单价措施项目清单与计价表

按给定的计算表格填写,并汇总计算门窗工程分部分项工程费。

7. 分部分项工程量综合单价分析表

按给定的表格填写,计算分项工程综合单价。

清单工程量计算表

工程名称：　　　　　　　　　　　　　　　　　　第　　页　共　　页

序号	清单编码	项目名称 或轴线位置说明	工程量计算式	计量 单位	工程 量

分部分项工程和单价措施项目清单与计价表

工程名称：　　　　　　　　　　　　　　　　　　　　　　　第　页　共　页

序号	项目编码	项目名称	项目特征描述	计量单位	工程量	金　额/元		
						综合单价	合价	其中：暂估价
分部小计								
本页小计								
合　计								

分部分项工程量综合单价分析表

工程名称：　　　　　　　　　　　　　　　　　　　　　　第　页　共　页

项目编码		项目名称		计量单位		工程量	
清单综合单价组成明细							

定额编号	定额项目名称	定额单位	数量	单价/元				合价/元			
				人工费	材料费	机械费	管理费和利润	人工费	材料费	机械费	管理费和利润

人工单价		小计				
元/工日		未计价材料费				
清单项目综合单价						

	主要材料名称、规格、型号	单位	数量	单价/元	合价/元	暂估单价/元	暂估合价/元
材料费明细							
	材料费小计			—		—	

分部分项工程量综合单价分析表

工程名称：

项目编码				项目名称				计量单位		工程量	
清单综合单价组成明细											
定额编号	定额项目名称	定额单位	数量	单价/元				合价/元			
				人工费	材料费	机械费	管理费和利润	人工费	材料费	机械费	管理费和利润
人工单价		小计									
元/工日		未计价材料费									
清单项目综合单价											

材料费明细	主要材料名称、规格、型号	单位	数量	单价/元	合价/元	暂估单价/元	暂估合价/元
	材料费小计			—		—	

分部分项工程量综合单价分析表

工程名称：　　　　　　　　　　　　　　　　　　　　　　第　页　共　页

项目编码		项目名称		计量单位		工程量	
清单综合单价组成明细							

定额编号	定额项目名称	定额单位	数量	单价/元				合价/元			
				人工费	材料费	机械费	管理费和利润	人工费	材料费	机械费	管理费和利润
人工单价			小计								
元/工日			未计价材料费								
清单项目综合单价											

材料费明细	主要材料名称、规格、型号	单位	数量	单价/元	合价/元	暂估单价/元	暂估合价/元
	材料费小计			—		—	

分部分项工程量综合单价分析表

工程名称：　　　　　　　　　　　　　　　　　　　　　　第　　页　共　　页

项目编码		项目名称		计量单位		工程量	
清单综合单价组成明细							

定额编号	定额项目名称	定额单位	数量	单价/元				合价/元			
				人工费	材料费	机械费	管理费和利润	人工费	材料费	机械费	管理费和利润

人工单价		小计									
元/工日		未计价材料费									
清单项目综合单价											

	主要材料名称、规格、型号	单位	数量	单价/元	合价/元	暂估单价/元	暂估合价/元
材料费明细							
	材料费小计			—		—	

分部分项工程量综合单价分析表

工程名称：   第　页　共　页

项目编码		项目名称		计量单位		工程量	
清单综合单价组成明细							

定额编号	定额项目名称	定额单位	数量	单价/元				合价/元			
				人工费	材料费	机械费	管理费和利润	人工费	材料费	机械费	管理费和利润
人工单价				小计							
元/工日				未计价材料费							
清单项目综合单价											

	主要材料名称、规格、型号	单位	数量	单价/元	合价/元	暂估单价/元	暂估合价/元
材料费明细							
	材料费小计			—		—	

分部分项工程量综合单价分析表

工程名称：　　　　　　　　　　　　　　　　　　　　　第　页　共　页

项目编码		项目名称		计量单位		工程量	
清单综合单价组成明细							

定额编号	定额项目名称	定额单位	数量	单价/元				合价/元			
				人工费	材料费	机械费	管理费和利润	人工费	材料费	机械费	管理费和利润

人工单价	小计			
元/工日	未计价材料费			
清单项目综合单价				

材料费明细	主要材料名称、规格、型号	单位	数量	单价/元	合价/元	暂估单价/元	暂估合价/元
	材料费小计			—		—	

分部分项工程量综合单价分析表

工程名称：   第　页　共　页

项目编码		项目名称		计量单位		工程量	
清单综合单价组成明细							

定额编号	定额项目名称	定额单位	数量	单价/元				合价/元			
				人工费	材料费	机械费	管理费和利润	人工费	材料费	机械费	管理费和利润

人工单价			小计								
元/工日			未计价材料费								
清单项目综合单价											

	主要材料名称、规格、型号	单位	数量	单价/元	合价/元	暂估单价/元	暂估合价/元
材料费明细							
	材料费小计			—		—	

项目 7a 屋面及防水工程、保温隔热工程 定额计价(2 学时)

1. 实训目的

1)能读懂建筑设计总说明、工程做法表和建筑施工图(平面、立面、剖面、详图)。

2)能根据办公楼图纸计算屋面及防水、保温隔热工程定额工程量,并能计算出定额分部分项工程费用。

3)熟练把握屋面及防水、保温隔热工程手工计量与计价的方法和技巧。

2. 实训内容

1)计算办公楼屋面找平层、卷材防水、隔热砖、细石混凝土找坡、钢筋、分格缝等工程量。

2)查找上述分项工程的定额子目。

3)计算定额分部分项工程费。

3. 编制依据

1)办公楼工程建筑结构施工图。

2)《广东省建筑与装饰工程综合定额》(2010)(上册、中册、下册)。

3)《广东省建设施工机械台班费用》(2010)。

4. 实训步骤

1)熟悉办公楼工程图纸,了解项目概况,搜集各种编制依据及资料。

2)根据办公楼施工方法和施工说明,重点注意找平层、卷材防水、隔热砖定额子目工程量之间的差异。

3)根据综合定额的各章说明和计算规则,找出相应的综合定额子目。

4)根据所套用的定额子目计算出定额分部分项工程费。

5. 定额工程量计算表

按给定的计算表格填写。

6. 定额分部分项工程预算表

按给定的计算表格填写,并汇总计算出屋面及防水、保温隔热工程定额分部分项工程总费用。

定额工程量计算表

序号	定额编号	项目名称 或轴线位置说明	工程量计算式	计量 单位	工程 量

定额分部分项工程预算表

工程名称：　　　　　　　　　　　　　　　　　　　　　　　　第　　页　共　　页

序号	定额编号	子目名称及说明	计量单位	工程量	定额基价/元	合价/元
		分部小计				

项目 7b 屋面及防水工程、保温隔热工程清单计价(2 学时)

1. 实训目的

1)能读懂建筑设计总说明、工程做法表和建筑施工图(平面、立面、剖面、详图)。

2)能根据《房屋建筑与装饰工程工程量计算规范》(GB 50854—2013)(以下简称清单规范)计算屋面及防水、保温隔热工程清单工程量,并能计算出清单分部分项工程费用。

3)熟练把握屋面及防水、保温隔热工程手工计量与计价的方法和技巧。

2. 实训内容

1)计算屋面找平层、改性沥青防水卷材、屋面隔热工程量。

2)计算上述清单综合单价。

3)计算分部分项工程费。

3. 编制依据

1)办公楼工程建筑结构施工图。

2)《房屋建筑与装饰工程工程量计算规范》(GB 50854—2013)。

3)《广东省建筑与装饰工程综合定额》(2010)(上册、中册、下册)。

4)《广东省建筑与装饰工程工程量清单计价指引》(2010)(以下称计价指引)。

5)《广东省建设施工机械台班费用》(2010)。

4. 实训步骤

1)熟悉办公楼工程图纸,了解项目概况,搜集各种编制依据及资料。

2)根据办公楼施工方法和施工说明,重点注意屋面及防水、保温隔热工程的工作内容。

3)根据计价指引的要求,确定项目编码、项目特征、计量单位及工程内容,计算清单工程量。

4)套用相应的综合定额子目(见项目 7:屋面及防水工程、保温隔热工程定额计价),计算综合单价。

5)计算清单分部分项工程费。

5. 清单工程量计算表

按给定的计算表格填写。

6. 分部分项工程和单价措施项目清单与计价表

按给定的计算表格填写,并汇总计算屋面及防水工程、保温隔热工程清单分部分项工程费。

7. 分部分项工程量综合单价分析表

按给定的表格填写,计算分项工程综合单价。

清单工程量计算表

工程名称：　　　　　　　　　　　　　　　　　　　　　　第　　页　共　　页

序号	清单编码	项目名称 或轴线位置说明	工程量计算式	计量 单位	工程 量

分部分项工程和单价措施项目清单与计价表

工程名称：   第   页   共   页

序号	项目编码	项目名称	项目特征描述	计量单位	工程量	金额/元		
						综合单价	合价	其中：暂估价
分部小计								
本页小计								
合 计								

分部分项工程量综合单价分析表

工程名称： 第 页 共 页

项目编码		项目名称		计量单位		工程量	

清单综合单价组成明细

定额编号	定额项目名称	定额单位	数量	单价/元				合价/元			
				人工费	材料费	机械费	管理费和利润	人工费	材料费	机械费	管理费和利润

人工单价		小计									
元/工日		未计价材料费									
清单项目综合单价											

	主要材料名称、规格、型号	单位	数量	单价/元	合价/元	暂估单价/元	暂估合价/元
材料费明细							
	材料费小计			—		—	

分部分项工程量综合单价分析表

工程名称：　　　　　　　　　　　　　　　　　第　页　共　页

项目编码		项目名称		计量单位		工程量	
清单综合单价组成明细							

定额编号	定额项目名称	定额单位	数量	单价/元				合价/元			
				人工费	材料费	机械费	管理费和利润	人工费	材料费	机械费	管理费和利润

人工单价			小计								
元/工日			未计价材料费								
清单项目综合单价											

材料费明细	主要材料名称、规格、型号	单位	数量	单价/元	合价/元	暂估单价/元	暂估合价/元
	材料费小计			—		—	

分部分项工程量综合单价分析表

工程名称：　　　　　　　　　　　　　　　　　　　　　第　页　共　页

项目编码				项目名称				计量单位		工程量	
清单综合单价组成明细											
定额编号	定额项目名称	定额单位	数量	单价/元				合价/元			
				人工费	材料费	机械费	管理费和利润	人工费	材料费	机械费	管理费和利润
人工单价			小计								
元/工日			未计价材料费								
清单项目综合单价											

材料费明细	主要材料名称、规格、型号	单位	数量	单价/元	合价/元	暂估单价/元	暂估合价/元
	材料费小计				—		—

分部分项工程量综合单价分析表

工程名称：　　　　　　　　　　　　　　　　　　　　　第　页　共　页

项目编码		项目名称		计量单位		工程量	
清单综合单价组成明细							

定额编号	定额项目名称	定额单位	数量	单价/元				合价/元			
				人工费	材料费	机械费	管理费和利润	人工费	材料费	机械费	管理费和利润

人工单价		小计				
元/工日		未计价材料费				
清单项目综合单价						

	主要材料名称、规格、型号	单位	数量	单价/元	合价/元	暂估单价/元	暂估合价/元
材料费明细							
	材料费小计			—		—	

分部分项工程量综合单价分析表

工程名称： 第 页 共 页

项目编码		项目名称		计量单位		工程量	
清单综合单价组成明细							

定额编号	定额项目名称	定额单位	数量	单价/元				合价/元			
				人工费	材料费	机械费	管理费和利润	人工费	材料费	机械费	管理费和利润

人工单价		小计	
元/工日		未计价材料费	
清单项目综合单价			

	主要材料名称、规格、型号	单位	数量	单价/元	合价/元	暂估单价/元	暂估合价/元
材料费明细							
	材料费小计			—		—	

分部分项工程量综合单价分析表

工程名称：　　　　　　　　　　　　　　　　　　　　第　　页　共　　页

项目编码				项目名称			计量单位		工程量	

| 清单综合单价组成明细 | | | | | | | | | | | |

定额编号	定额项目名称	定额单位	数量	单价/元				合价/元			
				人工费	材料费	机械费	管理费和利润	人工费	材料费	机械费	管理费和利润

人工单价		小计			
元/工日		未计价材料费			

清单项目综合单价

	主要材料名称、规格、型号	单位	数量	单价/元	合价/元	暂估单价/元	暂估合价/元
材料费明细							
	材料费小计			—		—	

分部分项工程量综合单价分析表

工程名称：   第　页　共　页

项目编码				项目名称			计量单位		工程量	
清单综合单价组成明细										
定额编号	定额项目名称	定额单位	数量	单价/元				合价/元			
				人工费	材料费	机械费	管理费和利润	人工费	材料费	机械费	管理费和利润
人工单价			小计								
元/工日			未计价材料费								
清单项目综合单价											

	主要材料名称、规格、型号	单位	数量	单价/元	合价/元	暂估单价/元	暂估合价/元
材料费明细							
	材料费小计			—		—	

项目 8a　模板及其他措施项目定额计价(2 学时)

1. 实训目的

1)能读懂建筑设计总说明、工程做法表和建筑施工图(平面、立面、剖面、详图)。

2)能结合实际工程进行模板及其他措施项目定额工程量计算,并能计算出定额分部分项工程费用。

3)熟练把握模板及其他措施项目手工计量与计价的方法和技巧。

2. 实训内容

1)计算垫层、桩承台、基础梁、柱、梁、板、楼梯、过梁、构造柱、压顶、散水的定额工程量。

2)查找上述分项工程的定额子目。

3)计算分部分项工程费。

3. 编制依据

1)办公楼工程建筑结构施工图。

2)《广东省建筑与装饰工程综合定额》(2010)(上册、中册、下册)。

4. 实训步骤

1)熟悉办公楼工程图纸,了解项目概况,搜集各种编制依据及资料。

2)根据办公楼施工方法和施工说明,列出模板及其他措施项目定额子目。

3)根据综合定额的各章说明和计算规则,查找出相应的综合定额子目。

4)根据所套用的定额子目计算出定额分部分项工程费。

5. 定额工程量计算表

按给定的计算表格填写。

6. 定额分部分项工程预算表

按给定的计算表格填写,并汇总计算出模板及其他措施项目定额分部分项工程总费用。

7. 其他说明

1)本工程所采用的商品混凝土价格中不包含泵送增加费。

2)本工程不考虑窗上部突出的装饰线的模板计算。

定额工程量计算表

工程名称：   第　页　共　页

序号	定额编号	项目名称或轴线位置说明	工程量计算式	计量单位	工程量

定额工程量计算表

工程名称： 　　　　　　　　　　　　　　　　第　页　共　页

序号	定额编号	项目名称 或轴线位置说明	工程量计算式	计量 单位	工程 量

定额工程量计算表

工程名称： 　　　　　　　　　　　　　　　　　第　页　共　页

序号	定额编号	项目名称 或轴线位置说明	工程量计算式	计量 单位	工程 量

定额工程量计算表

工程名称： 　　　　　　　　　　　　　　　　　　　第　　页　共　　页

序号	定额编号	项目名称或轴线位置说明	工程量计算式	计量单位	工程量

定额工程量计算表

工程名称：   第 页 共 页

序号	定额编号	项目名称或轴线位置说明	工程量计算式	计量单位	工程量

定额分部分项工程预算表

工程名称：   第　　页　共　　页

序号	定额编号	子目名称及说明	计量单位	工程量	定额基价/元	合价/元
		本页小计				

定额分部分项工程预算表

工程名称：　　　　　　　　　　　　　　　　　　　　第　页　共　页

序号	定额编号	子目名称及说明	计量单位	工程量	定额基价/元	合价/元
		本页小计				
		合计				

项目 8b　模板及其他措施项目清单计价(2 学时)

1. 实训目的

1)能读懂建筑设计总说明、工程做法表和建筑施工图(平面、立面、剖面、详图)。

2)能根据《房屋建筑与装饰工程工程量计算规范》(GB 50854—2013)计算规则计算模板及其他措施项目清单工程量,并能计算出清单分部分项工程费用。

3)熟练把握模板及其他措施项目手工计量与计价的方法和技巧。

2. 实训内容

1)计算垫层、桩承台、基础梁、柱、梁、板、楼梯、过梁、构造柱、压顶、散水模板、垂直运输、成品保护、混凝土泵送增加的清单工程量。

2)根据《房屋建筑与装饰工程工程量计算规范》(GB 50854—2013)查找上述分项工程的清单编码、填写项目特征、计量单位,编制分部分项工程和单价措施项目清单与计价表。

3)计算分部分项工程费和综合单价。

3. 编制依据

1)办公楼工程建筑结构施工图。

2)《房屋建筑与装饰工程工程量计算规范》(GB 50854—2013)。

3)《广东省建筑与装饰工程综合定额》(2010)(上册、中册、下册)。

4)《广东省建筑与装饰工程工程量清单计价指引》(2010)(以下称计价指引)。

5)《广东省建设施工机械台班费用》(2010)。

4. 实训步骤

1)熟悉办公楼工程图纸,了解项目概况,搜集各种编制依据及资料。

2)根据办公楼施工方法和施工说明,重点注意柱子与梁交接的重叠处,梁与梁的交接处等的扣除关系。

3)根据计价指引的要求,确定项目编码、项目特征、计量单位及工程内容,计算清单工程量。

4)根据《广东省建筑与装饰工程综合定额》(2010 下册)的各章说明和计算规则,找出相应的综合定额子目。

5)计算模板及其他措施项目费和综合单价。

5. 清单工程量计算表

按给定的计算表格填写。

6. 分部分项工程和单价措施项目清单与计价表

按给定的计算表格填写,并汇总计算模板及其他措施项目费用。

7. 分部分项工程量综合单价分析表

按给定的表格填写,计算分项工程综合单价。

8. 其他说明

1)本工程所采用的商品混凝土价格中不包含泵送增加费。

2)本工程不考虑窗上部突出的装饰线的模板计算。

清单工程量计算表

工程名称：　　　　　　　　　　　　　　　　　　　　　第　页　共　页

序号	清单编码	项目名称 或轴线位置说明	工程量计算式	计量 单位	工程 量

清单工程量计算表

工程名称：   第　　页　共　　页

序号	清单编码	项目名称或轴线位置说明	工程量计算式	计量单位	工程量

清单工程量计算表

工程名称：   第　页　共　页

序号	清单编码	项目名称 或轴线位置说明	工程量计算式	计量 单位	工程 量

清单工程量计算表

工程名称：　　　　　　　　　　　　　　　　　　　　　　第　　页　共　　页

序号	清单编码	项目名称或轴线位置说明	工程量计算式	计量单位	工程量

清单工程量计算表

工程名称：   第   页   共   页

序号	清单编码	项目名称 或轴线位置说明	工程量计算式	计量 单位	工程 量

清单工程量计算表

工程名称：　　　　　　　　　　　　　　　　　　　　　第　页　共　页

序号	清单编码	项目名称 或轴线位置说明	工程量计算式	计量 单位	工程 量

分部分项工程和单价措施项目清单与计价表

工程名称：   第   页   共   页

序号	项目编码	项目名称	项目特征描述	计量单位	工程量	金额/元		
						综合单价	合价	其中：暂估价
本页小计								

分部分项工程和单价措施项目清单与计价表

工程名称：　　　　　　　　　　　　　　　　　　　　　第　页　共　页

序号	项目编码	项目名称	项目特征描述	计量单位	工程量	金额/元		
						综合单价	合价	其中：暂估价
		分部小计						
		本页小计						
		合　计						

分部分项工程量综合单价分析表

工程名称： 第 页 共 页

项目编码		项目名称		计量单位		工程量	
清单综合单价组成明细							

定额编号	定额项目名称	定额单位	数量	单价/元				合价/元			
				人工费	材料费	机械费	管理费和利润	人工费	材料费	机械费	管理费和利润

人工单价		小计				
元/工日		未计价材料费				
清单项目综合单价						

材料费明细	主要材料名称、规格、型号	单位	数量	单价/元	合价/元	暂估单价/元	暂估合价/元
	材料费小计			—		—	

分部分项工程量综合单价分析表

工程名称：　　　　　　　　　　　　　　　　　　　　　第　页　共　页

项目编码		项目名称		计量单位		工程量	
清单综合单价组成明细							

定额编号	定额项目名称	定额单位	数量	单价/元				合价/元			
				人工费	材料费	机械费	管理费和利润	人工费	材料费	机械费	管理费和利润

人工单价	小计			
元/工日	未计价材料费			
清单项目综合单价				

材料费明细	主要材料名称、规格、型号	单位	数量	单价/元	合价/元	暂估单价/元	暂估合价/元
	材料费小计			—		—	

分部分项工程量综合单价分析表

工程名称： 第 页 共 页

项目编码		项目名称		计量单位		工程量	

清单综合单价组成明细											
定额编号	定额项目名称	定额单位	数量	单价/元				合价/元			
				人工费	材料费	机械费	管理费和利润	人工费	材料费	机械费	管理费和利润

人工单价		小计									
元/工日		未计价材料费									
清单项目综合单价											

	主要材料名称、规格、型号	单位	数量	单价/元	合价/元	暂估单价/元	暂估合价/元
材料费明细							
	材料费小计			—		—	

分部分项工程量综合单价分析表

工程名称：　　　　　　　　　　　　　　　　　　　　　　　　第　页　共　页

项目编码		项目名称		计量单位		工程量	
清单综合单价组成明细							

定额编号	定额项目名称	定额单位	数量	单价/元				合价/元			
				人工费	材料费	机械费	管理费和利润	人工费	材料费	机械费	管理费和利润

人工单价		小计									
元/工日		未计价材料费									
清单项目综合单价											

主要材料名称、规格、型号	单位	数量	单价/元	合价/元	暂估单价/元	暂估合价/元
材料费明细						
材料费小计				—		—

分部分项工程量综合单价分析表

工程名称：   第　页　共　页

项目编码		项目名称		计量单位		工程量	

清单综合单价组成明细

定额编号	定额项目名称	定额单位	数量	单价/元				合价/元			
				人工费	材料费	机械费	管理费和利润	人工费	材料费	机械费	管理费和利润

人工单价		小计	
元/工日		未计价材料费	
清单项目综合单价			

材料费明细	主要材料名称、规格、型号	单位	数量	单价/元	合价/元	暂估单价/元	暂估合价/元
	材料费小计			—		—	

分部分项工程量综合单价分析表

工程名称：　　　　　　　　　　　　　　　　　　　　　　　第　页　共　页

项目编码				项目名称				计量单位		工程量	
清单综合单价组成明细											
定额编号	定额项目名称	定额单位	数量	单价/元				合价/元			
				人工费	材料费	机械费	管理费和利润	人工费	材料费	机械费	管理费和利润
人工单价			小计								
元/工日			未计价材料费								
清单项目综合单价											

材料费明细	主要材料名称、规格、型号	单位	数量	单价/元	合价/元	暂估单价/元	暂估合价/元
	材料费小计				—		—

分部分项工程量综合单价分析表

工程名称：　　　　　　　　　　　　　　　　　　　　第　页　共　页

项目编码		项目名称		计量单位		工程量	
清单综合单价组成明细							

定额编号	定额项目名称	定额单位	数量	单价/元				合价/元			
				人工费	材料费	机械费	管理费和利润	人工费	材料费	机械费	管理费和利润
人工单价			小计								
元/工日			未计价材料费								
清单项目综合单价											

材料费明细	主要材料名称、规格、型号	单位	数量	单价/元	合价/元	暂估单价/元	暂估合价/元
	材料费小计				—		—

分部分项工程量综合单价分析表

工程名称：　　　　　　　　　　　　　　　　　　　　　　第　页　共　页

项目编码			项目名称		计量单位		工程量	
清单综合单价组成明细								

定额编号	定额项目名称	定额单位	数量	单价/元				合价/元			
				人工费	材料费	机械费	管理费和利润	人工费	材料费	机械费	管理费和利润
人工单价		小计									
元/工日		未计价材料费									
清单项目综合单价											

材料费明细	主要材料名称、规格、型号	单位	数量	单价/元	合价/元	暂估单价/元	暂估合价/元
	材料费小计			—		—	

分部分项工程量综合单价分析表

工程名称：　　　　　　　　　　　　　　　　　　　　第　页　共　页

项目编码		项目名称		计量单位		工程量	
清单综合单价组成明细							

定额编号	定额项目名称	定额单位	数量	单价/元				合价/元			
				人工费	材料费	机械费	管理费和利润	人工费	材料费	机械费	管理费和利润

人工单价		小计	
元/工日		未计价材料费	
清单项目综合单价			

	主要材料名称、规格、型号	单位	数量	单价/元	合价/元	暂估单价/元	暂估合价/元
材料费明细							
	材料费小计					—	—

分部分项工程量综合单价分析表

工程名称：　　　　　　　　　　　　　　　　　　　　第　页　共　页

项目编码		项目名称		计量单位		工程量	
清单综合单价组成明细							

定额编号	定额项目名称	定额单位	数量	单价/元				合价/元			
				人工费	材料费	机械费	管理费和利润	人工费	材料费	机械费	管理费和利润

人工单价		小计						
元/工日		未计价材料费						
清单项目综合单价								

主要材料名称、规格、型号	单位	数量	单价/元	合价/元	暂估单价/元	暂估合价/元
材料费明细						
材料费小计				—		—

分部分项工程量综合单价分析表

工程名称： 第 页 共 页

项目编码		项目名称			计量单位		工程量	
清单综合单价组成明细								

定额编号	定额项目名称	定额单位	数量	单价/元				合价/元			
				人工费	材料费	机械费	管理费和利润	人工费	材料费	机械费	管理费和利润

人工单价		小计					
元/工日		未计价材料费					
清单项目综合单价							

	主要材料名称、规格、型号	单位	数量	单价/元	合价/元	暂估单价/元	暂估合价/元
材料费明细							
	材料费小计			—		—	

分部分项工程量综合单价分析表

工程名称：　　　　　　　　　　　　　　　　　　　　第　页　共　页

项目编码		项目名称		计量单位		工程量	

清单综合单价组成明细

定额编号	定额项目名称	定额单位	数量	单价/元				合价/元			
				人工费	材料费	机械费	管理费和利润	人工费	材料费	机械费	管理费和利润

人工单价			小计								
元/工日			未计价材料费								

清单项目综合单价

材料费明细	主要材料名称、规格、型号	单位	数量	单价/元	合价/元	暂估单价/元	暂估合价/元
	材料费小计			—		—	

分部分项工程量综合单价分析表

工程名称：　　　　　　　　　　　　　　　　　　　　第　页　共　页

项目编码		项目名称		计量单位		工程量	
清单综合单价组成明细							

定额编号	定额项目名称	定额单位	数量	单价/元				合价/元			
				人工费	材料费	机械费	管理费和利润	人工费	材料费	机械费	管理费和利润

人工单价	小计		
元/工日	未计价材料费		
清单项目综合单价			

材料费明细	主要材料名称、规格、型号	单位	数量	单价/元	合价/元	暂估单价/元	暂估合价/元
		材料费小计			—		—

分部分项工程量综合单价分析表

工程名称：　　　　　　　　　　　　　　　　　　　　　　　第　页　共　页

| 项目编码 | | 项目名称 | | 计量单位 | | 工程量 | |

清单综合单价组成明细

定额编号	定额项目名称	定额单位	数量	单价/元				合价/元			
				人工费	材料费	机械费	管理费和利润	人工费	材料费	机械费	管理费和利润

人工单价		小计									
元/工日		未计价材料费									
清单项目综合单价											

	主要材料名称、规格、型号		单位	数量		单价/元	合价/元	暂估单价/元	暂估合价/元
材料费明细									
	材料费小计					—		—	

分部分项工程量综合单价分析表

工程名称：　　　　　　　　　　　　　　　　　　　　　　第　页　共　页

项目编码				项目名称			计量单位		工程量	
清单综合单价组成明细										
定额编号	定额项目名称	定额单位	数量	单价/元				合价/元			
				人工费	材料费	机械费	管理费和利润	人工费	材料费	机械费	管理费和利润
人工单价		小计									
元/工日		未计价材料费									
清单项目综合单价											

材料费明细	主要材料名称、规格、型号	单位	数量	单价/元	合价/元	暂估单价/元	暂估合价/元
	材料费小计			—		—	

分部分项工程量综合单价分析表

工程名称：　　　　　　　　　　　　　　　　　　　　　　第　页　共　页

| 项目编码 | | | 项目名称 | | | 计量单位 | | 工程量 | |

清单综合单价组成明细

定额编号	定额项目名称	定额单位	数量	单价/元				合价/元			
				人工费	材料费	机械费	管理费和利润	人工费	材料费	机械费	管理费和利润

人工单价		小计									
元/工日		未计价材料费									
清单项目综合单价											

材料费明细	主要材料名称、规格、型号	单位	数量	单价/元	合价/元	暂估单价/元	暂估合价/元
	材料费小计			—		—	

分部分项工程量综合单价分析表

工程名称：   第　页　共　页

项目编码				项目名称			计量单位		工程量	
清单综合单价组成明细										
定额编号	定额项目名称	定额单位	数量	单价/元				合价/元			
				人工费	材料费	机械费	管理费和利润	人工费	材料费	机械费	管理费和利润
人工单价		小计									
元/工日		未计价材料费									
清单项目综合单价											

材料费明细	主要材料名称、规格、型号	单位	数量	单价/元	合价/元	暂估单价/元	暂估合价/元
	材料费小计			—		—	

分部分项工程量综合单价分析表

工程名称：　　　　　　　　　　　　　　　　　第　页　共　页

项目编码		项目名称		计量单位		工程量	
清单综合单价组成明细							

定额编号	定额项目名称	定额单位	数量	单价/元				合价/元			
				人工费	材料费	机械费	管理费和利润	人工费	材料费	机械费	管理费和利润

人工单价		小计									
元/工日		未计价材料费									
清单项目综合单价											

	主要材料名称、规格、型号	单位	数量	单价/元	合价/元	暂估单价/元	暂估合价/元
材料费明细							
	材料费小计			—		—	

分部分项工程量综合单价分析表

工程名称：　　　　　　　　　　　　　　　　　　　　第　页　共　页

项目编码		项目名称		计量单位		工程量	
清单综合单价组成明细							

定额编号	定额项目名称	定额单位	数量	单价/元				合价/元			
				人工费	材料费	机械费	管理费和利润	人工费	材料费	机械费	管理费和利润

人工单价		小计	
元/工日		未计价材料费	
清单项目综合单价			

材料费明细	主要材料名称、规格、型号	单位	数量	单价/元	合价/元	暂估单价/元	暂估合价/元
	材料费小计			—		—	

办公楼答案部分

项目 1a　脚手架工程定额计价

定额工程量计算表

工程名称:广州市某办公楼　　　　　　　　　　　　　　第 1 页　　共 1 页

序号	定额编号	项目名称或轴线位置说明	工程量计算式	计量单位	工程量
1		总建筑面积		m²	578.38
		首层建筑面积	$6.8 \times 10.5 + 9 \times 12$	m²	179.40
		二、三层建筑面积	$((12 \times 15.8 + 1.5 \times 9) - (2.8 + 2.2 - 0.09 \times 2) \times 0.5) \times 2$	m²	398.98
		小计		m²	578.38
2	A1-21-3	外墙综合钢脚手架		100 m²	7.7645
		综合钢脚手架	$(12 + 1.5 + 15.8) \times 2 \times (0.15 + 12 + 1.1)$	m²	776.45
3	A1-21-24	单排钢脚手架高度(10 m 以内)		100 m²	0.8527
		单排脚手架	$(6.8 + (3.8 + 2.8 + 2.4 + 1.5)) \times (4.8 + 0.15)$	m²	85.27
4	A1-21-29	满堂脚手架(钢管)		m²	163.88
		大堂	$(10.5 - 0.18 \times 2) \times (6.8 - 0.18)$	m²	67.13
		走道(首层)	$(2.4 + 2.8 + 2 - 0.12 - 0.06) \times (2.1 - 0.06 \times 2)$	m²	13.90
		楼梯间(首层)	$(6 - 0.18 + 0.06) \times (2.8 - 0.09 \times 2)$	m²	15.41
		办公室(首层)	$(9 - 0.18 - 0.12 \times 2) \times (3.9 - 0.18 - 0.06) + (3.8 - 0.18 - 0.09) \times (6 - 0.18 - 0.06)$	m²	51.74
		值班室(首层)	$(2.4 - 0.12 - 0.09) \times (6 - 0.18 - 0.06)$	m²	12.61
		卫生间(首层)	$(2.1 - 0.06 \times 2) \times (1.8 - 0.18 - 0.06)$	m²	3.09
		小计		m²	163.88
5	A1-21-31 + A1-21-33	里脚手架(钢管) $h = 4.8 \text{ m}$		100 m²	0.897
		里脚手架	$(6.8 \times 10.5 + 9 \times 12) \times 0.5$	m²	89.7
6	A1-21-31	里脚手架(钢管) $h = 3.6\text{m}$		100 m²	0.4062
		里脚手架(钢管) $h = 3.6\text{m}$	$(12 \times 15.8 + 1.5 \times 9) \times 2$	m²	406.2

定额措施项目预算表

工程名称:广州市某办公楼   第1页   共1页

序号	定额编号	子目名称及说明	计量单位	工程量	定额基价/元	合价/元
1	A22-3	外墙综合钢脚手架 $h=20.5$ m 内	100 m²	7.7645	2508.35	19476.08
2	A22-22	单排钢脚手架 高度(10 m 以内)	100 m²	0.8527	434.13	370.18
3	A22-26	满堂脚手架(钢管)	100 m²	1.639	673.89	1104.51
4	A22-28+ A22-29 换	里脚手架(钢管)$h=4.8$ m	100 m²	0.897	697.45	625.61
5	A22-28	里脚手架(钢管)$h=3.6$ m	100 m²	4.062	517.96	2103.95
		本页小计				23680.33

项目 1b 脚手架工程清单计价

清单工程量计算表

工程名称:广州市某办公楼　　　　　　　　　　　　　　　　第 1 页　　共 1 页

序号	清单编码	项目名称或轴线位置说明	工程量计算式	计量单位	工程量
1	粤 011701008001	综合钢脚手架	$(12+1.5+15.8) \times 2 \times (0.15+12+1.1)$	m²	776.45
2	粤 011701009001	单排钢脚手架	$6.8 \times (4.8-0.1+0.15)+(3.8+2.8+2.4+1.5) \times (4.8+0.15)$	m²	85.27
3	粤 011701010001	满堂脚手架		m²	163.79
		大堂	$(10.5-0.18 \times 2) \times (6.8-0.18)$	m²	67.13
		走道(首层)	$(2.4+2.8+2-0.12-0.06) \times (2.1-0.06 \times 2)$	m²	13.90
		楼梯间(首层)	$(6-0.18+0.06) \times (2.8-0.09 \times 2)$	m²	15.41
		办公室(首层)	$(9-0.18-0.12 \times 2) \times (3.9-0.18-0.06)+(3.8-0.18-0.09) \times (6-0.18-0.06)$	m²	51.74
		值班室(首层)	$(2.4-0.12-0.09) \times (6-0.18-0.06)-(0.18-0.12) \times 1.5$	m²	12.52
		卫生间(首层)	$(2.1-0.06 \times 2) \times (1.8-0.18-0.06)$	m²	3.09
		小计		m²	163.79
4	粤 011701011001	里脚手架(钢管) $h=4.8$ m	$(6.8 \times 10.5+9 \times 12) \times 0.5$	m²	89.7
5	粤 011701011002	里脚手架(钢管) $h=3.6$ m	$[6.8 \times 12+9 \times 13.5-(5-0.18) \times 1.5 \times 0.5] \times 2$	m²	398.7

分部分项工程和单价措施项目清单与计价表

工程名称:广州市某办公楼 第 1 页　共 1 页

序号	项目编码	项目名称	项目特征描述	计量单位	工程量	金　额/元		
						综合单价	合价	其中:暂估价
			011701 脚手架工程					
1	粤 011701008001	综合钢脚手架	1.钢筋混凝土框架结构 2.檐口高度:12.15 m	m²	776.45	33.94	26352.71	
2	粤 011701009001	单排钢脚手架	1.搭设高度:4.45 m 2.脚手架材质:钢管	m²	85.27	7.52	641.23	
3	粤 011701010001	满堂脚手架	1.搭设高度:4.8 m 2.脚手架材质:钢管	m²	163.79	11.69	1914.71	
4	粤 011701011001	里脚手架(钢管)$h=4.8$ m	1.搭设高度:4.8 m 2.脚手架材质:钢管	m²	89.7	13.56	1216.33	
5	粤 011701011002	里脚手架(钢管)$h=3.6$ m	1.搭设高度:3.6 m 2.脚手架材质:钢管	m²	398.7	10.14	4042.82	
			分部小计				34167.8	
			本页小计				34167.8	
			合　计				34167.8	

分部分项工程量综合单价分析表

工程名称:广州市某办公楼　　　　　　　　　　　　　第 1 页　　共 5 页

项目编码	粤 011701008001	项目名称	综合钢脚手架	计量单位	m²	工程量	776.45

				清单综合单价组成明细							
定额编号	定额项目名称	定额单位	数量	单价/元				合价/元			
				人工费	材料费	机械费	管理费和利润	人工费	材料费	机械费	管理费和利润
A22-3	综合钢脚手架高度（20.5 m 以内）	100 m²	0.01	1647.8	1165.08	131.06	450.11	16.48	11.65	1.31	4.5
人工单价		小计						16.48	11.65	1.31	4.5
综合工日 110 元/工日		未计价材料费									
清单项目综合单价								33.94			

材料费明细	主要材料名称、规格、型号	单位	数量	单价/元	合价/元	暂估单价/元	暂估合价/元
	松节油	kg	0.0455	5.98	0.27		
	脚手架钢管底座	个	0.0177	3.76	0.07		
	定型板 1000×500×15	件	0.2	6.24	1.25		
	镀锌低碳钢丝 φ1.5～2.5	kg	0.0128	4.17	0.05		
	松杂直边板	m³	0.0006	1154.48	0.69		
	酚醛红丹防锈漆	kg	0.1455	15.38	2.24		
	脚手架钢管 φ51×3.5	m	0.3015	11.14	3.36		
	脚手架活动扣(含螺丝)	套	0.1427	5.18	0.74		
	其他材料费	元	0.5008	1	0.5		
	脚手架直角扣(含螺丝)	套	0.2441	5.18	1.26		
	脚手架接驳管 φ43×350	支	0.071	4.88	0.35		
	尼龙安全网	m²	0.268	1.75	0.47		
	膨胀螺栓 M6×80 镀锌连母	10 个	0.002	2.68	0.01		
	镀锌低碳钢丝 φ0.7～1.2	kg	0.005	5.21	0.03		
	杉原木(综合)	m³	0.0005	740.59	0.37		
	材料费小计			—	11.66	—	

分部分项工程量综合单价分析表

工程名称:广州市某办公楼　　　　　　　　　　　　第 2 页　　共 5 页

项目编码	粤 011701009001	项目名称	单排钢脚手架	计量单位	m^2	工程量	85.27				
清单综合单价组成明细											
定额编号	定额项目名称	定额单位	数量	单价/元				合价/元			
				人工费	材料费	机械费	管理费和利润	人工费	材料费	机械费	管理费和利润
A22-22	单排钢脚手架高度（10 m 以内）	100 m^2	0.01	480.7	118.47	23.83	129.2	4.81	1.18	0.24	1.29
人工单价		小计						4.81	1.18	0.24	1.29
综合工日 110元/工日		未计价材料费									
清单项目综合单价								7.52			

	主要材料名称、规格、型号	单位	数量	单价/元	合价/元	暂估单价/元	暂估合价/元
材料费明细	松节油	kg	0.0025	5.98	0.01		
	脚手架钢管底座	个	0.0023	3.76	0.01		
	酚醛红丹防锈漆	kg	0.023	15.38	0.35		
	脚手架钢管 ϕ51×3.5	m	0.034	11.14	0.38		
	脚手架活动扣（含螺丝）	套	0.0039	5.18	0.02		
	其他材料费	元	0.2171	1	0.22		
	脚手架直角扣（含螺丝）	套	0.026	5.18	0.13		
	脚手架接驳管 ϕ43×350	支	0.0116	4.88	0.06		
	材料费小计			—	1.18	—	

分部分项工程量综合单价分析表

工程名称:广州市某办公楼　　　　　　　　　　　　　　第 3 页　　共 5 页

项目编码	粤 011701010001		项目名称	满堂脚手架	计量单位	m²	工程量	163.79

清单综合单价组成明细											
定额编号	定额项目名称	定额单位	数量	单价/元				合价/元			
				人工费	材料费	机械费	管理费和利润	人工费	材料费	机械费	管理费和利润
A22-26	满堂脚手架(钢管)基本层 3.6 m	100 m²	0.01	756.8	190.59	19.86	200.81	7.57	1.91	0.2	2.01
人工单价	小计							7.57	1.91	0.2	2.01
综合工日 110元/工日	未计价材料费										
清单项目综合单价								11.69			

材料费明细	主要材料名称、规格、型号	单位	数量	单价/元	合价/元	暂估单价/元	暂估合价/元
	松节油	kg	0.0007	5.98			
	脚手架钢管底座	个	0.0014	3.76	0.01		
	松杂直边板	m³	0.0006	1154.48	0.69		
	酚醛红丹防锈漆	kg	0.0061	15.38	0.09		
	脚手架钢管 φ51×3.5	m	0.0704	11.14	0.78		
	脚手架活动扣(含螺丝)	套	0.0032	5.18	0.02		
	脚手架直角扣(含螺丝)	套	0.0102	5.18	0.05		
	脚手架接驳管 φ43×350	支	0.002	4.88	0.01		
	镀锌低碳钢丝 φ0.7~1.2	kg	0.0113	5.21	0.06		
	圆钉 50~75	kg	0.0194	3.73	0.07		
	松杂板枋材	m³	0.0001	1153.04	0.12		
	材料费小计			—	1.9	—	

分部分项工程量综合单价分析表

工程名称：广州市某办公楼　　　　　　　　　　　　　　　　　　第 4 页　　共 5 页

项目编码	粤 011701011001	项目名称	里脚手架(钢管) $h=4.8$ m	计量单位	m²	工程量	89.7

<table>
<tr><th colspan="8">清单综合单价组成明细</th></tr>
<tr><td rowspan="2">定额编号</td><td rowspan="2">定额项目名称</td><td rowspan="2">定额单位</td><td rowspan="2">数量</td><td colspan="4">单价/元</td><td colspan="4">合价/元</td></tr>
</table>

定额编号	定额项目名称	定额单位	数量	人工费	材料费	机械费	管理费和利润	人工费	材料费	机械费	管理费和利润
A22-28 + A22-29	里脚手架(钢管)民用建筑基本层 3.6 m；实际高度(m)：4.8	100 m²	0.01	935	131.22	39.72	250.32	9.35	1.31	0.4	2.5
人工单价		小计						9.35	1.31	0.4	2.5
综合工日 110 元/工日		未计价材料费									
清单项目综合单价								13.56			

主要材料名称、规格、型号	单位	数量	单价/元	合价/元	暂估单价/元	暂估合价/元
松节油	kg	0.0015	6.01	0.01		
松杂直边板	m³	0.0005	1154.48	0.58		
酚醛红丹防锈漆	kg	0.0048	15.45	0.07		
脚手架钢管 φ51×3.5	m	0.015	11.14	0.17		
脚手架直角扣(含螺丝)	套	0.0116	5.2	0.06		
脚手架接驳管 φ43×350	支	0.0006	4.9			
镀锌低碳钢丝 φ0.7~1.2	kg	0.0015	5.21	0.01		
圆钉 50~75	kg	0.0987	3.74	0.37		
材料费小计			—	1.27	—	

分部分项工程量综合单价分析表

工程名称：广州市某办公楼　　　　　　　　　　　　　　　　第 5 页　　共 5 页

项目编码	粤 011701011002		项目名称	里脚手架（钢管） $h=3.6$ m	计量单位	m²	工程量	398.7

清单综合单价组成明细

定额编号	定额项目名称	定额单位	数量	单价/元				合价/元			
				人工费	材料费	机械费	管理费和利润	人工费	材料费	机械费	管理费和利润
A22-28	里脚手架（钢管）民用建筑基本层 3.6 m	100 m²	0.01	702.9	95.23	27.8	187.88	7.03	0.95	0.28	1.88
人工单价	小计							7.03	0.95	0.28	1.88
综合工日 110 元/工日	未计价材料费										
清单项目综合单价								10.14			

材料费明细	主要材料名称、规格、型号	单位	数量	单价/元	合价/元	暂估单价/元	暂估合价/元
	松节油	kg	0.0011	6.01	0.01		
	松杂直边板	m³	0.0004	1154.48	0.46		
	酚醛红丹防锈漆	kg	0.0035	15.45	0.05		
	脚手架钢管 $\phi 51 \times 3.5$	m	0.0109	11.14	0.12		
	脚手架直角扣（含螺丝）	套	0.0084	5.2	0.04		
	脚手架接驳管 $\phi 43 \times 350$	支	0.0004	4.9			
	镀锌低碳钢丝 $\phi 0.7 \sim 1.2$	kg	0.0011	5.21	0.01		
	圆钉 50～75	kg	0.0718	3.74	0.27		
	材料费小计			—	0.96	—	

项目 2a　土石方工程定额计价

定额工程量计算表

工程名称:广州市某办公楼　　　　　　　　　　　第 1 页　　共 4 页

序号	定额编号	项目名称 或轴线位置说明	工程量计算式	计量 单位	工程 量
1	A1-1-1	平整场地	$12 \times 15.8 - 6.8 \times 1.5$	100 m²	1.794
2	A1-1-2	原土夯实	$12 \times 15.8 - 6.8 \times 1.5$	m²	179.4
3	A1-1-12	人工挖基坑三类土 深度在 2 m 以内		m³	77.65
		ZJ2	$(0.3+0.1+1.75+0.1+0.3) \times (0.3+0.1+0.7+0.1+0.3) \times 1.45 \times 14$	m³	77.65
4	A1-1-21	人工挖沟槽三类土 深度在 2 m 以内		m³	46.61
		JKL1	$(9-(0.3+0.1+0.35+0.2) \times 2-(0.3+0.1+0.7+0.1+0.3) \times 2) \times (0.3+0.1+0.25+0.1+0.3) \times 0.6$	m³	2.58
		JKL2	$(6.8-(0.1+0.3)-(0.3+0.1+0.35+0.25)) \times (0.3+0.1+0.3+0.1+0.3) \times 0.8$	m³	4.75
		JKL3	$(9-(0.3+0.1+0.35+0.2)-(0.3+0.1+0.7+0.1+0.3) \times 2-(0.3+0.1+0.35+0.2)) \times (0.3+0.1+0.25+0.1+0.3) \times 0.6$	m³	2.58
		JKL3 变截面	$(6.8-(0.15+0.1+0.3)-(0.3+0.1+0.35+0.25)) \times (0.3+0.1+0.3+0.1+0.3) \times 0.8$	m³	4.62
		JKL4	$(9-(0.3+0.1+0.35+0.2)-(0.3+0.1+0.7+0.1+0.3)-(0.3+0.1+0.35+0.25)) \times (0.3+0.1+0.25+0.1+0.3) \times 0.6$	m³	3.50
		JKL4 变截面	$(6.8-(0.15+0.1+0.3)-(0.3+0.1+0.35+0.25)) \times (0.3+0.1+0.3+0.1+0.3) \times 0.8$	m³	4.62

定额工程量计算表

工程名称:广州市某办公楼　　　　　　　　　　　　　第 2 页　　共 4 页

序号	定额编号	项目名称 或轴线位置说明	工程量计算式	计量 单位	工程 量
		JKL5	$(12-(0.3+0.1+0.875+0.25)-(0.3+0.1+1.75+0.1+0.3)-(0.3+0.1+0.875+0.25))\times(0.3+0.1+0.25+0.1+0.3)\times0.7$	m³	4.70
		JKL6	$(12-(0.3+0.1+0.875+0.25)-(0.3+0.1+1.75+0.1+0.3)-(0.3+0.1+0.875+0.25))\times(0.3+0.1+0.25+0.1+0.3)\times0.7$	m³	4.70
		JKL7	$(6-(0.3+0.1+0.875+0.2)-(0.3+0.1+0.875))\times(0.3+0.1+0.25+0.1+0.3)\times0.7$	m³	2.39
		JKL8	$(12-(0.3+0.1+0.875+0.25)-(0.3+0.1+1.75+0.1+0.3)-(0.3+0.1+0.875+0.25))\times(0.3+0.1+0.25+0.1+0.3)\times0.7$	m³	4.70
		JKL9	$(10.5-(0.3+0.1+0.875+0.2)-(0.3+0.1+1.75+0.1+0.3)-(0.3+0.1+0.875+0.2))\times(0.3+0.1+0.25+0.1+0.3)\times0.7$	m³	3.68
		L1	$(2.1-(0.125+0.1+0.3)-(0.3+0.1+0.09))\times(0.3+0.1+0.18+0.1+0.3)\times0.5$	m³	0.53
		L2	$(9-(0.25+0.1+0.3)-(0.3+0.1+0.25+0.1+0.3)-(0.25+0.1+0.3))\times(0.3+0.1+0.18+0.1+0.3)\times0.5$	m³	3.26
5	A1-1-53 +4×A1-1-54	人工装汽车运余 土(运距为5 km)	室外地坪以下埋设物	m³	38.02
		室外地坪以下埋 设物	素混凝土垫层+承台+基础梁+柱位	m³	38.02
		素混凝土垫层	承台垫层+基础梁垫层		6.34
		承台垫层14个	$(0.1+1.75+0.1)\times(0.1+0.7+0.1)\times0.1\times14$	m³	2.46
		基础梁垫层		m³	3.88
		JKL1	$(9-(0.35+0.2)\times2-0.7\times2)\times(0.1+0.25+0.1)\times0.1$	m³	0.29

定额工程量计算表

工程名称:广州市某办公楼　　　　　　　　　　　　　　　　　　第 3 页　　共 4 页

序号	定额编号	项目名称 或轴线位置说明	工程量计算式	计量 单位	工程 量
		JKL2	$(6.8-(0.35+0.25))\times(0.1+0.3+0.1)\times0.1$	m³	0.31
		JKL3	$(9-(0.35+0.2)-0.7\times2-(0.35+0.25))\times(0.1+0.25+0.1)\times0.1$	m³	0.29
		JKL3 变截面	$(6.8-0.15-(0.35+0.25))\times(0.1+0.3+0.1)\times0.1$	m³	0.30
		JKL4	$(9-(0.35+0.2)-0.7-(0.35+0.25))\times(0.1+0.25+0.1)\times0.1$	m³	0.32
		JKL4 变截面	$(6.8-0.15-(0.35+0.25))\times(0.1+0.3+0.1)\times0.1$	m³	0.30
		JKL5	$(12-(0.875+0.25)-1.75-(0.875+0.25))\times(0.1+0.25+0.1)\times0.1$	m³	0.36
		JKL6	$(12-(0.875+0.25)-1.75-(0.875+0.25))\times(0.1+0.25+0.1)\times0.1$	m³	0.36
		JKL7	$(6-(0.875+0.2)-0.875)\times(0.1+0.25+0.1)\times0.1$	m³	0.18
		JKL8	$(12-(0.875+0.25)-1.75-(0.875+0.25))\times(0.1+0.7+0.1)\times0.1$	m³	0.72
		JKL9	$(10.5-(0.875+0.2)-1.75-(0.875+0.2))\times(0.1+0.25+0.1)\times0.1$	m³	0.30
		L1	$(2.1-(0.125+0.1)-(0.09+0.1))\times(0.1+0.18+0.1)\times0.1$	m³	0.06
		L2	$(9-(0.25+0.1)-(0.1+0.25+0.1)-(0.25+0.1))\times(0.1+0.18+0.1)\times0.1$	m³	0.30
		承台 14 个	$1.75\times0.7\times1\times14$	m³	17.15
		基础梁			13.64
		JKL1	$(9-3\times0.4-0.35)\times0.25\times0.5-(0.15\times0.15\times0.25\times4)-(0.175\times0.15\times0.25\times2)$	m³	0.90
		JKL2	$(6.8-0.5)\times0.3\times0.7-0.1\times0.3\times0.3$	m³	1.31
		JKL3	$(9-0.4\times3-0.35)\times0.25\times0.5-(0.15\times0.15\times0.25\times4)-(0.175\times0.15\times0.25\times2)$	m³	0.90

定额工程量计算表

工程名称:广州市某办公楼　　　　　　　　　　　　　　　　　第 4 页　　共 4 页

序号	定额编号	项目名称 或轴线位置说明	工程量计算式	计量 单位	工程 量
		JKL3 变截面	(6.8−0.50)×0.3×0.7−(0.15×0.35 ×0.3)−(0.1×0.35×0.3)	m³	1.30
		JKL4	(9−0.4×3)×0.25×0.5−(0.15×0.15 ×0.25×4)	m³	0.95
		JKL4 变截面	(6.8−0.5)×0.3×0.7−(0.15×0.35× 0.3)−0.1×0.3×0.3	m³	1.30
		JKL5	(12−0.5×3)×0.25×0.6−(0.6×0.25 ×0.25×4)	m³	1.43
		JKL6	(12−0.5×3)×0.25×0.6−(0.6×0.25 ×0.25×4)	m³	1.43
		JKL7	(6−0.4×1.5)×0.25×0.6−(0.65× 0.25×0.25×2)	m³	0.73
		JKL8	(12−0.5×3)×0.25×0.6−(0.6×0.25 ×0.25×4)	m³	1.43
		JKL9	(10.5−0.4×3)×0.25×0.6−(0.65× 0.25×0.25×4)	m³	1.23
		L1	(2.1−0.125−0.09)×0.18×0.4	m³	0.14
		L2	(9−0.25×3)×0.18×0.4	m³	0.59
		柱位			0.89
		KZ1	0.4×0.5×0.35×6	m³	0.42
		KZ1a	0.5×0.4×0.35×5	m³	0.35
		KZ2	0.4×0.35×0.35	m³	0.05
		KZ3	0.5×0.4×0.35	m³	0.07
6	A1-1-126	回填土	挖沟槽+挖基坑−室外地坪以下埋设物	m³	86.24

定额分部分项工程预算表

工程名称:广州市某办公楼　　　　　　　　　第 1 页　　共 1 页

序号	定额编号	子目名称及说明	计量单位	工程量	定额基价/元	合价/元
1	A1-1	平整场地	100 m²	1.794	217.36	389.944
2	A1-2	原土夯实	100 m²	1.794	104.97	188.316
3	A1-12	人工挖基坑三类土深度在 2 m 以内	100 m³	0.777	2836.81	2204.201
4	A1-12	人工挖沟槽三类土深度在 2 m 以内	100 m³	0.466	2836.81	1321.953
5	A1-55+4× A1-56	人工装汽车运余土(运距 5 km)	100 m³	0.380	3712.92	1410.910
6	A1-145	回填土	100 m³	0.862	1402.76	1209.179
		分部小计				6724.503

项目 2b　土石方工程清单计价

清单工程量计算表

工程名称:广州市某办公楼　　　　　　　　　　　第 1 页　　共 4 页

序号	清单编码	项目名称或轴线位置说明	工程量计算式	计量单位	工程量
1	010101001001	平整场地	$12 \times 15.8 - 6.8 \times 1.5$	m²	179.4
2	010101004001	挖基坑土方		m³	77.65
		ZJ2	$(0.3+0.1+1.75+0.1+0.3)\times(0.3+0.1+0.7+0.1+0.3)\times1.45\times14$	m³	77.65
3	010101003001	挖沟槽土方		m³	46.61
		JKL1	$(9-(0.3+0.1+0.35+0.2)\times2-(0.3+0.1+0.7+0.1+0.3)\times2)\times(0.3+0.1+0.25+0.1+0.3)\times0.6$	m³	2.58
		JKL2	$(6.8-(0.1+0.3)-(0.3+0.1+0.35+0.25))\times(0.3+0.1+0.3+0.1+0.3)\times0.8$	m³	4.75
		JKL3	$(9-(0.3+0.1+0.35+0.2)-(0.3+0.1+0.7+0.1+0.3)\times2-(0.3+0.1+0.35+0.2))\times(0.3+0.1+0.25+0.1+0.3)\times0.6$	m³	2.58
		JKL3 变截面	$(6.8-(0.15+0.1+0.3)-(0.3+0.1+0.35+0.25))\times(0.3+0.1+0.3+0.1+0.3)\times0.8$	m³	4.62
		JKL4	$(9-(0.3+0.1+0.35+0.2)-(0.3+0.1+0.7+0.1+0.3)-(0.3+0.1+0.35+0.25))\times(0.3+0.1+0.25+0.1+0.3)\times0.6$	m³	3.50
		JKL4 变截面	$(6.8-(0.15+0.1+0.3)-(0.3+0.1+0.35+0.25))\times(0.3+0.1+0.3+0.1+0.3)\times0.8$	m³	4.62
		JKL5	$(12-(0.3+0.1+0.875+0.25)-(0.3+0.1+1.75+0.1+0.3)-(0.3+0.1+0.875+0.25))\times(0.3+0.1+0.25+0.1+0.3)\times0.7$	m³	4.70
		JKL6	$(12-(0.3+0.1+0.875+0.25)-(0.3+0.1+1.75+0.1+0.3)-(0.3+0.1+0.875+0.25))\times(0.3+0.1+0.25+0.1+0.3)\times0.7$	m³	4.70
		JKL7	$(6-(0.3+0.1+0.875+0.2)-(0.3+0.1+0.875))\times(0.3+0.1+0.25+0.1+0.3)\times0.7$	m³	2.39

清单工程量计算表

工程名称:广州市某办公楼　　　　　　　　　　　　　　　第 2 页　　共 4 页

序号	清单编码	项目名称或轴线位置说明	工程量计算式	计量单位	工程量
		JKL8	$(12-(0.3+0.1+0.875+0.25)-(0.3+0.1+1.75+0.1+0.3)-(0.3+0.1+0.875+0.25))\times(0.3+0.1+0.25+0.1+0.3)\times0.7$	m³	4.70
		JKL9	$(10.5-(0.3+0.1+0.875+0.2)-(0.3+0.1+1.75+0.1+0.3)-(0.3+0.1+0.875+0.2))\times(0.3+0.1+0.25+0.1+0.3)\times0.7$	m³	3.68
		L1	$(2.1-(0.125+0.1+0.3)-(0.3+0.1+0.09))\times(0.3+0.1+0.18+0.1+0.3)\times0.5$	m³	0.53
		L2	$(9-(0.25+0.1+0.3)-(0.3+0.1+0.25+0.1+0.3)-(0.25+0.1+0.3))\times(0.3+0.1+0.18+0.1+0.3)\times0.5$	m³	3.26
4	010103002001	余方弃置	室外地坪以下埋设物	m³	38.02
		室外地坪以下埋设物	素混凝土垫层＋承台＋基础梁＋柱位	m³	38.02
		素混凝土垫层	承台垫层＋基础梁垫层		6.34
		承台垫层 14 个	$(0.1+1.75+0.1)\times(0.1+0.7+0.1)\times0.1\times14$	m³	2.46
		基础梁垫层		m³	3.88
		JKL1	$(9-(0.35+0.2)\times2-0.7\times2)\times(0.1+0.25+0.1)\times0.1$	m³	0.29
		JKL2	$(6.8-(0.35+0.25))\times(0.1+0.3+0.1)\times0.1$	m³	0.31
		JKL3	$(9-(0.35+0.2)-0.7\times2-(0.35+0.25))\times(0.1+0.25+0.1)\times0.1$	m³	0.29
		JKL3 变截面	$(6.8-0.15-(0.35+0.25))\times(0.1+0.3+0.1)\times0.1$	m³	0.30
		JKL4	$(9-(0.35+0.2)-0.7-(0.35+0.25))\times(0.1+0.25+0.1)\times0.1$	m³	0.32
		JKL4 变截面	$(6.8-0.15-(0.35+0.25))\times(0.1+0.3+0.1)\times0.1$	m³	0.30
		JKL5	$(12-(0.875+0.25)-1.75-(0.875+0.25))\times(0.1+0.25+0.1)\times0.1$	m³	0.36

清单工程量计算表

工程名称:广州市某办公楼

序号	清单编码	项目名称 或轴线位置说明	工程量计算式	计量 单位	工程 量
		JKL6	$(12-(0.875+0.25)-1.75-(0.875+0.25))$ $\times(0.1+0.25+0.1)\times0.1$	m³	0.36
		JKL7	$(6-(0.875+0.2)-0.875)\times(0.1+0.25+$ $0.1)\times0.1$	m³	0.18
		JKL8	$(12-(0.875+0.25)-1.75-(0.875+0.25))$ $\times(0.1+0.7+0.1)\times0.1$	m³	0.36; 0.72
		JKL9	$(10.5-(0.875+0.2)-1.75-(0.875+0.2))$ $\times(0.1+0.25+0.1)\times0.1$	m³	0.30
		L1	$(2.1-(0.125+0.1)-(0.09+0.1))\times(0.1+$ $0.18+0.1)\times0.1$	m³	0.06
		L2	$(9-(0.25+0.1)-(0.1+0.25+0.1)-(0.25$ $+0.1))\times(0.1+0.18+0.1)\times0.1$	m³	0.30
		承台 14 个	$1.75\times0.7\times1\times14$	m³	17.15
		基础梁			13.64
		JKL1	$(9-3\times0.4-0.35)\times0.25\times0.5-(0.15\times$ $0.15\times0.25\times4)-(0.175\times0.15\times0.25\times2)$	m³	0.90
		JKL2	$(6.8-0.5)\times0.3\times0.7-0.1\times0.3\times0.3$	m³	1.31
		JKL3	$(9-0.4\times3-0.35)\times0.25\times0.5-(0.15\times$ $0.15\times0.25\times4)-(0.175\times0.15\times0.25\times2)$	m³	0.90
		JKL3 变截面	$(6.8-0.50)\times0.3\times0.7-(0.15\times0.35\times0.3)$ $-(0.1\times0.35\times0.3)$	m³	1.30
		JKL4	$(9-0.4\times3)\times0.25\times0.5-(0.15\times0.15\times$ $0.25\times4)$	m³	0.95
		JKL4 变截面	$(6.8-0.5)\times0.3\times0.7-(0.15\times0.35\times0.3)$ $-0.1\times0.3\times0.3$	m³	1.30
		JKL5	$(12-0.5\times3)\times0.25\times0.6-(0.6\times0.25\times$ $0.25\times4)$	m³	1.43
		JKL6	$(12-0.5\times3)\times0.25\times0.6-(0.6\times0.25\times$ $0.25\times4)$	m³	1.43
		JKL7	$(6-0.4\times1.5)\times0.25\times0.6-(0.65\times0.25\times$ $0.25\times2)$	m³	0.73
		JKL8	$(12-0.5\times3)\times0.25\times0.6-(0.6\times0.25\times$ $0.25\times4)$	m³	1.43

清单工程量计算表

工程名称:广州市某办公楼　　　　　　　　　　　　　　　　　第 4 页　　共 4 页

序号	清单编码	项目名称 或轴线位置说明	工程量计算式	计量 单位	工程 量
		JKL9	$(10.5-0.4\times3)\times0.25\times0.6-(0.65\times0.25\times0.25\times4)$	m³	1.23
		L1	$(2.1-0.125-0.09)\times0.18\times0.4$	m³	0.14
		L2	$(9-0.25\times3)\times0.18\times0.4$	m³	0.59
		柱位			0.89
		KZ1	$0.4\times0.5\times0.35\times6$	m³	0.42
		KZ1a	$0.5\times0.4\times0.35\times5$	m³	0.35
		KZ2	$0.4\times0.35\times0.35$	m³	0.05
		KZ3	$0.5\times0.4\times0.35$	m³	0.07
5	010103001001	回填土	挖沟槽+挖基坑-室外地坪以下埋设物	m³	86.24

分部分项工程和单价措施项目清单与计价表

工程名称:广州市某办公楼　　　　　　　　　　　　　　　第1页　　共1页

序号	项目编码	项目名称	项目特征描述	计量单位	工程量	综合单价	合价	其中:暂估价
			0101 土石方工程					
1	010101001001	平整场地	土壤类别:三类土	m²	179.4	7.59	1361.65	
2	010101003001	挖沟槽土方	1. 土壤类别:三类土 2. 挖土深度:1.45 m	m³	46.61	66.85	3115.88	
3	010101004001	挖基坑土方	1. 土壤类别:三类土 2. 挖土深度:0.8 m	m³	77.65	66.85	5190.90	
4	010103001001	回填方	填方来源:原土回填	m³	86.24	33.06	2851.09	
5	010103002001	余方弃置	运距:5 km	m³	38.02	52.28	1987.69	
			分部小计				14507.21	
			本页小计				14507.21	
			合　计				14507.21	

分部分项工程量综合单价分析表

工程名称:广州市某办公楼　　　　　　　　　　　　　　　第1页　　共5页

项目编码	010101001001	项目名称	平整场地	计量单位	m²	工程量	179.4

清单综合单价组成明细											
定额编号	定额项目名称	定额单位	数量	单价/元				合价/元			
				人工费	材料费	机械费	管理费和利润	人工费	材料费	机械费	管理费和利润
A1-1	平整场地	100 m²	0.01	405.9			106.31	4.06			1.06
A1-2	原土打夯人工夯实	100 m²	0.01	196.02			51.34	1.96			0.51
人工单价			小计					6.02			1.57
综合工日 110元/工日			未计价材料费								
清单项目综合单价								7.59			

材料费明细	主要材料名称、规格、型号	单位	数量	单价/元	合价/元	暂估单价/元	暂估合价/元
	材料费小计				—		—

分部分项工程量综合单价分析表

工程名称:广州市某办公楼   第 2 页   共 5 页

项目编码	010101003001	项目名称		挖沟槽土方		计量单位	m³	工程量	46.61

清单综合单价组成明细									
定额编号	定额项目名称	定额单位	数量	单价/元				合价/元	

定额编号	定额项目名称	定额单位	数量	人工费	材料费	机械费	管理费和利润	人工费	材料费	机械费	管理费和利润
A1-12	人工挖沟槽、基坑三类土深度在 2 m 内	100 m³	0.01	5297.49			1387.54	52.97			13.88
人工单价		小计						52.97			13.88
综合工日 110 元/工日		未计价材料费									
清单项目综合单价								66.85			

主要材料名称、规格、型号	单位	数量	单价/元	合价/元	暂估单价/元	暂估合价/元
材料费小计			—		—	

材料费明细

分部分项工程量综合单价分析表

工程名称:广州市某办公楼　　　　　　　　　　　　　　　　　第 3 页　　共 5 页

项目编码	010101004001	项目名称	挖基坑土方	计量单位	m³	工程量	77.65

<table>
<tr><td colspan="12" align="center">清单综合单价组成明细</td></tr>
<tr>
<td rowspan="2">定额编号</td>
<td rowspan="2">定额项目名称</td>
<td rowspan="2">定额单位</td>
<td rowspan="2">数量</td>
<td colspan="4" align="center">单价/元</td>
<td colspan="4" align="center">合价/元</td>
</tr>
<tr>
<td>人工费</td><td>材料费</td><td>机械费</td><td>管理费和利润</td>
<td>人工费</td><td>材料费</td><td>机械费</td><td>管理费和利润</td>
</tr>
<tr>
<td>A1-12</td>
<td>人工挖沟槽、基坑三类土深度在 2 m 内</td>
<td>100 m³</td>
<td>0.01</td>
<td>5297.49</td><td></td><td></td><td>1387.54</td>
<td>52.97</td><td></td><td></td><td>13.88</td>
</tr>
<tr>
<td colspan="2" align="center">人工单价</td>
<td colspan="4" align="center">小计</td>
<td>52.97</td><td></td><td></td><td>13.88</td>
</tr>
<tr>
<td colspan="2">综合工日 110 元/工日</td>
<td colspan="6" align="center">未计价材料费</td>
<td colspan="4"></td>
</tr>
<tr>
<td colspan="4" align="center">清单项目综合单价</td>
<td colspan="8" align="center">66.85</td>
</tr>
</table>

材料费明细	主要材料名称、规格、型号	单位	数量	单价/元	合价/元	暂估单价/元	暂估合价/元
	材料费小计			—		—	

分部分项工程量综合单价分析表

工程名称:广州市某办公楼   第 4 页   共 5 页

项目编码	010103001001	项目名称	回填方	计量单位	m³	工程量	86.24

<table>
<tr><td colspan="12" align="center">清单综合单价组成明细</td></tr>
<tr><td rowspan="2">定额
编号</td><td rowspan="2">定额项目
名称</td><td rowspan="2">定额
单位</td><td rowspan="2">数量</td><td colspan="4" align="center">单价/元</td><td colspan="4" align="center">合价/元</td></tr>
<tr><td>人工费</td><td>材料费</td><td>机械费</td><td>管理费
和利润</td><td>人工费</td><td>材料费</td><td>机械费</td><td>管理费
和利润</td></tr>
<tr><td>A1-145</td><td>回填土
人工夯实</td><td>100 m³</td><td>0.01</td><td>2619.54</td><td></td><td></td><td>686.12</td><td>26.2</td><td></td><td></td><td>6.86</td></tr>
<tr><td align="center">人工单价</td><td colspan="3" align="center">小计</td><td colspan="4"></td><td>26.2</td><td></td><td></td><td>6.86</td></tr>
<tr><td colspan="2">综合工日 110 元/工日</td><td colspan="6" align="center">未计价材料费</td><td colspan="4"></td></tr>
<tr><td colspan="6" align="center">清单项目综合单价</td><td colspan="6" align="center">33.06</td></tr>
</table>

<table>
<tr><td rowspan="10" align="center">材
料
费
明
细</td><td colspan="3" align="center">主要材料名称、规格、型号</td><td align="center">单位</td><td align="center">数量</td><td align="center">单价
/元</td><td align="center">合价
/元</td><td align="center">暂估
单价
/元</td><td align="center">暂估
合价
/元</td></tr>
<tr><td colspan="3"></td><td></td><td></td><td></td><td></td><td></td><td></td></tr>
<tr><td colspan="3"></td><td></td><td></td><td></td><td></td><td></td><td></td></tr>
<tr><td colspan="3"></td><td></td><td></td><td></td><td></td><td></td><td></td></tr>
<tr><td colspan="3"></td><td></td><td></td><td></td><td></td><td></td><td></td></tr>
<tr><td colspan="3"></td><td></td><td></td><td></td><td></td><td></td><td></td></tr>
<tr><td colspan="3"></td><td></td><td></td><td></td><td></td><td></td><td></td></tr>
<tr><td colspan="3"></td><td></td><td></td><td></td><td></td><td></td><td></td></tr>
<tr><td colspan="3"></td><td></td><td></td><td></td><td></td><td></td><td></td></tr>
<tr><td colspan="5" align="center">材料费小计</td><td></td><td align="center">—</td><td></td><td align="center">—</td></tr>
</table>

分部分项工程量综合单价分析表

工程名称:广州市某办公楼 　　　　　　　　　　　　　　　　　第 5 页　　共 5 页

项目编码	010103002001		项目名称	余方弃置	计量单位	m³	工程量	38.02

清单综合单价组成明细								
定额编号	定额项目名称	定额单位	数量	单价/元				
				人工费	材料费	机械费	管理费和利润	

定额编号	定额项目名称	定额单位	数量	单价/元				合价/元			
				人工费	材料费	机械费	管理费和利润	人工费	材料费	机械费	管理费和利润
A1-5 5 换	人工装卸汽车运土方运距1 km,实际运距(km):5	100 m³	0.01	1957.23		2393.87	877.3	19.57		23.94	8.77
人工单价			小计					19.57		23.94	8.77
综合工日 110元/工日			未计价材料费								
清单项目综合单价								52.28			

材料费明细	主要材料名称、规格、型号	单位	数量	单价/元	合价/元	暂估单价/元	暂估合价/元
	材料费小计			—		—	

项目 3a 桩基础工程定额计价

定额工程量计算表

工程名称:广州市某办公楼　　　　　　　　　　　　　　　　　第 1 页　　　共 1 页

序号	定额编号	子目名称或轴线位置说明	工程量计算式	计量单位	工程量
1	A1-3-36	压预制管桩 桩径 400 mm 桩长(18 m)以内 单位工程的工程量在 500 m 以内 送桩	12×24	100 m	2.88
2	A1-3-36 换	压预制管桩 桩径 400 mm 桩长(18 m)以内 打(压)试验桩 送桩	12×4	100 m	0.48
3	A1-3-47	管桩接桩 电焊接桩	28	10 个	2.8
4	A1-3-42	钢桩尖制作安装	35×28÷1000	t	0.98
5	A1-3-50	预制混凝土管桩填芯 填混凝土	$3.14×((0.4-0.095×2)/2)^2×(1.2+2)×28$	m^3	3.1

定额分部分项工程预算表

工程名称:广州市某办公楼 　　　　　　　　　　　　　　　　第 1 页　　共 1 页

序号	定额编号	子目名称及说明	计量单位	工程量	定额基价/元	合价/元
1	A2-21 换	压预制管桩 桩径400 mm 桩长(18 m)以内 单位工程的工程量在 500 m 以内送桩	100 m	2.88	13648.8	39308.54
2	A2-21 换	压预制管桩 桩径400 mm 桩长(18 m)以内 打(压)试验桩 单位工程的工程量在 500 m 以内送桩	100 m	0.48	17119.05	8217.14
3	A2-30	管桩接桩 电焊接桩	10 个	2.8	836.33	2341.72
4	A2-27	钢桩尖制作安装	t	0.98	6853.3	6716.23
5	A2-31	预制混凝土管桩填芯 填混凝土	10 m³	0.31	717.54	222.44
6	8021905	普通商品混凝土 碎石粒径 20 石 C30	m³	3.131	260	814.06
		分部小计				57620.13

项目 3b 桩基础工程清单计价

清单工程量计算表

工程名称:广州市某办公楼 第1页 共1页

序号	清单编码	项目名称 或轴线位置说明	工程量计算式	计量 单位	工程 量
1	010301002001	预制钢筋混凝土管桩	12×24	m	288
2	010301002002	预制钢筋混凝土管桩 (试验桩)	12×4	m	48
3	粤010301002001	预制钢筋混凝土管桩 送桩	(1.6−0.15−0.2+0.5)×28	m	49
5	粤010301005001	预制钢筋混凝土管桩 桩尖	28	个	28

分部分项工程和单价措施项目清单与计价表

工程名称:广州市某办公楼　　　　　　　　　　　　　　　第1页　　共1页

序号	项目编码	项目名称	项目特征描述	计量单位	工程量	金 额/元		
						综合单价	合价	其中:暂估价
		0103 桩基工程						
1	010301002001	预制钢筋混凝土管桩	1.地层情况:三类土 2.送桩深度、桩长:送桩至基础底面—1.4 m,桩长12 m 3.桩外径、壁厚:桩外径400 mm,壁厚95 mm 4.桩尖类型:封底十字刀刃桩靴 5.沉桩方法:静压力压桩 6.混凝土强度等级:C30 7.填充材料种类:微膨胀普通商品混凝土	m	288	190.47	54855.36	
2	010301002002	预制钢筋混凝土管桩	1.地层情况:三类土 2.送桩深度、桩长:送桩至基础底面—1.4 m,桩长12 m 3.桩外径、壁厚:桩外径400 mm,壁厚95 mm 4.桩尖类型:封底十字刀刃桩靴 5.沉桩方法:静压力压桩,试验桩 6.混凝土强度等级:C30 7.填充材料种类:微膨胀普通商品混凝土	m	48	230.04	11041.92	
3	粤010301005001	桩尖	1.桩尖类型:封底十字刀刃 2.设计材质:钢制 3.桩尖质量:35 kg	t	0.98	17742.6	17387.75	
		分部小计					83285.03	
		本页小计					83285.03	
		合　计					83285.03	

分部分项工程量综合单价分析表

工程名称:广州市某办公楼

项目编码	010301002001			项目名称		预制钢筋混凝土管桩		计量单位	m	工程量		288

清单综合单价组成明细

定额编号	定额项目名称	定额单位	数量	单价/元				合价/元			
				人工费	材料费	机械费	管理费和利润	人工费	材料费	机械费	管理费和利润
A2-21 换	压预制管桩 桩径400 mm桩长(18 m)以内 单位工程的工程量在500 m以内 送桩	100 m	0.01	1027.94	8656.89	2743.43	589.3	10.28	86.57	27.43	5.89
A2-30	管桩接桩电焊接桩	10 个	0.0083	509.3	5602.18	378.05	207.11	4.24	46.50	3.15	1.73
A2-31	预制混凝土管桩填芯填混凝土	10 m³	0.0009	1276	8.92	13.17	349.38	1.18	0.01	0.01	0.32
8021905	普通商品混凝土 碎石粒径20 石 C30	m³	0.0093		340				3.16		
人工单价			小计					15.7	136.24	30.59	7.94
综合工日 110元/工日			未计价材料费								
清单项目综合单价								190.47			

	主要材料名称、规格、型号	单位	数量	单价/元	合价/元	暂估单价/元	暂估合价/元
材料费明细	金属材料(摊销)	kg	0.0359	3.68	0.13		
	钢垫板 δ20	kg	0.0088	3.85	0.03		
	麻袋	个	0.0066	1.68	0.01		
	低碳钢焊条(综合)	kg	0.1169	398	46.53		
	预应力混凝土管桩 φ400	m	1.01	83.68	84.52		
	松杂板枋材	m³	0.0017	1153.04	1.96		
	橡胶垫	kg	0.0009	7.13	0.01		
	水	m³	0.0014	4.58	0.01		
	普通商品混凝土 碎石粒径20 石 C30	m³	0.0093	340	3.16		
	其他材料费	元	0.1202	1	0.12		
	材料费小计			—	136.48	—	

分部分项工程量综合单价分析表

工程名称：广州市某办公楼　　　　　　　　　　　　　　　　　　第 2 页　　共 3 页

项目编码	010301002002	项目名称	预制钢筋混凝土管桩	计量单位	m	工程量	48

清单综合单价组成明细

定额编号	定额项目名称	定额单位	数量	单价/元				合价/元			
				人工费	材料费	机械费	管理费和利润	人工费	材料费	机械费	管理费和利润
A2-21换	压预制管桩 桩径 400 mm 桩长（18 m）以内 打（压）试验桩 单位工程的工程量在 500 m 以内 送桩	100 m	0.01	2055.91	8656.89	5486.85	774.33	20.56	86.57	54.87	7.74
A2-30	管桩接桩 电焊接桩	10 个	0.0083	509.3	5602.18	378.05	207.11	4.24	46.50	3.15	1.73
A2-31	预制混凝土管 桩填芯 填混凝土	10 m³	0.0009	1276	8.92	13.17	349.38	1.18	0.01	0.01	0.32
8021905	普通商品混凝土 碎石粒径 20 石 C30	m³	0.0093		340				3.16		
人工单价			小计					25.98	136.24	58.03	9.79
综合工日 110 元/工日			未计价材料费								
清单项目综合单价								230.04			

	主要材料名称、规格、型号	单位	数量	单价/元	合价/元	暂估单价/元	暂估合价/元
材料费明细	金属材料（摊销）	kg	0.0359	3.68	0.13		
	钢垫板 δ20	kg	0.0088	3.85	0.03		
	麻袋	个	0.0066	1.68	0.01		
	低碳钢焊条（综合）	kg	0.1169	398	46.53		
	预应力混凝土管桩 φ400	m	1.01	83.68	84.52		
	松杂板枋材	m³	0.0017	1153.04	1.96		
	橡胶垫	kg	0.0009	7.13	0.01		
	水	m³	0.0014	4.58	0.01		
	普通商品混凝土 碎石粒径 20 石 C30	m³	0.0093	340	3.16		
	其他材料费	元	0.1202	1	0.12		
	材料费小计			—	136.48	—	

分部分项工程量综合单价分析表

工程名称:广州市某办公楼 第3页 共3页

项目编码	粤 010301005001		项目名称		桩尖		计量单位	t	工程量	0.98

<table>
<tr><td colspan="11" align="center">清单综合单价组成明细</td></tr>
<tr><td rowspan="3">定额编号</td><td rowspan="3">定额项目名称</td><td rowspan="3">定额单位</td><td rowspan="3">数量</td><td colspan="4" align="center">单价/元</td><td colspan="4" align="center">合价/元</td></tr>
<tr><td>人工费</td><td>材料费</td><td>机械费</td><td>管理费和利润</td><td>人工费</td><td>材料费</td><td>机械费</td><td>管理费和利润</td></tr>
<tr><td></td><td></td><td></td><td></td><td></td><td></td><td></td><td></td></tr>
<tr><td>A2-27</td><td>钢桩尖制作安装</td><td>t</td><td>1</td><td>2197.8</td><td>14437.36</td><td>435.66</td><td>671.78</td><td>2197.8</td><td>14437.36</td><td>435.66</td><td>671.78</td></tr>
<tr><td colspan="4" align="center">人工单价</td><td colspan="4" align="center">小计</td><td>2197.8</td><td>14437.36</td><td>435.66</td><td>671.78</td></tr>
<tr><td colspan="4" align="center">综合工日 110 元/工日</td><td colspan="8" align="center">未计价材料费</td></tr>
<tr><td colspan="8" align="center">清单项目综合单价</td><td colspan="4" align="center">17742.6</td></tr>
</table>

<table>
<tr><td rowspan="7" align="center">材料费明细</td><td colspan="3" align="center">主要材料名称、规格、型号</td><td align="center">单位</td><td align="center">数量</td><td align="center">单价/元</td><td align="center">合价/元</td><td align="center">暂估单价/元</td><td align="center">暂估合价/元</td></tr>
<tr><td colspan="3">热轧厚钢板 6～7</td><td align="center">t</td><td align="center">1.06</td><td align="center">2484.77</td><td align="center">2633.86</td><td></td><td></td></tr>
<tr><td colspan="3">低碳钢焊条(综合)</td><td align="center">kg</td><td align="center">29.33</td><td align="center">398</td><td align="center">11673.34</td><td></td><td></td></tr>
<tr><td colspan="3">氧气</td><td align="center">m³</td><td align="center">9.59</td><td align="center">5.03</td><td align="center">48.24</td><td></td><td></td></tr>
<tr><td colspan="3">乙炔气</td><td align="center">kg</td><td align="center">4.16</td><td align="center">7.54</td><td align="center">31.37</td><td></td><td></td></tr>
<tr><td colspan="3">其他材料费</td><td align="center">元</td><td align="center">50.56</td><td align="center">1</td><td align="center">50.56</td><td></td><td></td></tr>
<tr><td colspan="5" align="center">材料费小计</td><td align="center">—</td><td align="center">14437.37</td><td align="center">—</td><td></td></tr>
</table>

项目 4a　砌筑工程定额计价

定额工程量计算表

工程名称:广州市某办公楼　　　　　　　　　　　　　　第 1 页　　共 3 页

序号	定额编号	项目名称或轴线位置说明	工程量计算式	计量单位	工程量
		门窗面积			
		C1	1.8×1.8	m²	3.24
		C2	2.4×1.8	m²	4.32
		C3	0.9×1.8	m²	1.62
		C4	0.9×0.8	m²	0.72
		M1	1.5×2.4	m²	3.60
		M2	0.9×2.1	m²	1.89
		M3	0.9×2.1	m²	1.89
		门窗过梁体积			
		外墙 C1	0.18×0.15×(1.8+0.25×2)×7	m³	0.43
		外墙 C2	0.18×0.18×(2.4+0.37×2)×12	m³	1.22
		外墙 C3	0.18×0.12×(0.9+0.25×2)×7	m³	0.21
		外墙 C4	没有过梁,以框架梁做过梁用		0.00
		外墙 M1	0.18×0.12×(1.5+0.25×2)	m³	0.04
		外墙 M2	0.18×0.12×(1+(0.9+0.25))	m³	0.05
		外墙 M3	0.18×0.12×(0.9+0.25×2)×2	m³	0.06
		外墙门窗过梁小计		m³	2.02
		120 厚内墙 M1	0.12×0.115×(1.5+0.05+0.25)×2	m³	0.05
		120 厚内墙 M2	0.12×0.115×((0.9+0.25)×5+(0.9+0.25×2)×6)	m³	0.20
		120 厚内墙 M3	0.12×0.115×((0.9+0.25×2)×2+(0.9+0.25))	m³	0.06
		120 厚内墙门窗过梁小计		m³	0.31
1	A1-4-4	混水砖外墙墙体厚度 3/4 砖		10 m³	8.209
		首层外墙	$H=4.8+0.15-0.5=4.45 \text{ m}, h=0.18 \text{ m}$		
		E 轴交②—④轴	(4.5+6−0.4×3)×4.45×0.18	m³	7.45
		④交 A—E 轴	((15.8−0.5−0.4×3)×4.45−3.24×2−4.32×2)×0.18	m³	8.57
		A 轴交①—④轴	((12−0.5×3)×4.45−4.32−1.62)×0.18	m³	7.34
		①交 A—E 轴	(((3.8+2.8+2.4−0.4×3−0.35)+(1.5−0.5)+(6.8−0.5))×4.45−3.24−0.72−1.89−1.89−0.72)×0.18	m³	10.29
	扣减	构造柱体积 GZ1	−0.14	m³	−0.14

定额工程量计算表

工程名称:广州市某办公楼   第 2 页   共 3 页

序号	定额编号	项目名称 或轴线位置说明	工程量计算式	计量 单位	工程 量
		小计		m^3	33.51
		二层外墙	$H=3.6-0.5=3.1$ m, $h=0.18$ m		
		E 轴交①－④轴	$(12-0.09-0.4\times3)\times3.1\times0.18$	m^3	5.98
		④交 A－E 轴	$((15.8-0.5-0.4\times3)\times3.1-3.24\times2-4.32\times2)\times0.18$	m^3	5.15
		A 轴交①'－④轴	$((1.5+12-0.09-0.5\times3)\times3.1-4.32-1.62\times2)\times0.18$	m^3	5.28
		①交 A－E 轴	$(1.6-0.09+1.5-0.09+2.2+2.8-0.175-0.4+1.5-0.09+2.4-0.09+1.5-0.09+6.8-0.09)\times3.1-1.89-1.89-0.72-1.62-4.32)\times0.18$	m^3	8.83
		小计		m^3	25.23
		三层外墙	$25.23+0.8\times0.9\times0.18$	m^3	25.36
		扣减外墙门窗过梁体积	-2.017	m^3	-2.02
		180 mm 外墙合计		m^3	82.09
2	A1-4-3	混水砖外墙 墙体厚度 1/2 砖		$10\ m^3$	0.52
		女儿墙	$H=0.78$ m, $h=0.12$ m		
			$(12-0.12+15.8-0.12+12+1.5-0.12+3.8+2.8+2.4-0.12+1.5-0.06+6.8-0.06)\times0.78\times0.115$	m^3	5.20
		120 mm 外墙合计		m^3	5.20
3	A1-4-113	砖砌栏板 厚度 1/2 砖		$100\ m$	0.096
		阳台栏板	$H=0.68$ m, $h=0.115$ m		
		二、三层阳台栏板	$(2.2+2.8-0.18)\times2$	m	9.64
4	A1-4-14	混水砖内墙 墙体厚度 1/2 砖		$10\ m^3$	3.596
		首层内墙	$H_1=4.8+0.15-0.5=4.45$ m, $H_2=4.8+0.15-0.4=4.54$ m, $h=0.12$ m		
		120 厚(H_1)	$(((4.5+6-0.18-0.5\times2)+(3.9-0.06-0.5)+(3.8-0.4-0.2)+(2.4-0.175-0.4))\times4.45-3.6-1.89-1.89)\times0.115$	m^3	8.20
		120 厚(H_2)	$(((2.1-0.06\times2)+(3.8+5.2-0.12-0.18))\times4.54-1.89\times2)\times0.115$	m^3	5.14
		二层内墙	$H_1=3.6-0.5=3.1$ m, $H_2=3.6-0.4=3.2$ m, $h=0.115$ m		
		120 厚(H_1)	$(((4.5+6-0.18-0.5\times2)+(3.9-0.06-0.5)+(3.8-0.4-0.2)+(1.6-0.4-0.09))\times3.1-3.6-1.89)\times0.115$	m^3	5.41
		120 厚(H_2)	$(((2.1-0.06\times2)+(3.8+5.2-0.12-0.18))\times4.54-1.89\times2-1.89)\times0.115$	m^3	4.93
		三层内墙	$H_1=3.6-0.5=3.1$ m, $H_2=3.6-0.4=3.2$ m, $h=0.115$ m		

定额工程量计算表

工程名称:广州市某办公楼 　　　　　　　　　　　　　　　　　　　第 3 页　　共 3 页

序号	定额编号	项目名称或轴线位置说明	工程量计算式	计量单位	工程量
		120 厚(H_1)	$(((4.5+6-0.18-0.5×2)+(3.9-0.06-0.5)+(3.8-0.4-0.2)+(6.8-0.5)+(1.6-0.4-0.09))×3.1-3.6-1.89)×0.115$	m³	7.67
		120 厚(H_2)	$(((2.1-0.06×2)+(3.8+5.2-0.12-0.18))×4.54-1.89×2-1.89)×0.115$	m³	4.93
		扣减 120 厚内墙门窗过梁	-0.312	m³	-0.31
			120 mm 内墙合计	m³	35.96
5	A1-4-15	混水砖内墙墙体厚度 3/4 砖		10 m³	0.594
		一、三层梯间墙	$H_1=3.6-0.5=3.1$ m,$h=0.18$ m		
		楼梯间墙	$((6-0.5-0.25)+(6-0.4-0.2))×3.1×0.18$	m³	5.94

定额分部分项工程预算表

工程名称:广州市某办公楼　　　　　　　　　　　　　　　　第1页　　共1页

序号	定额编号	子目名称及说明	计量单位	工程量	定额基价/元	合价/元
1	A3-4	混水砖外墙 墙体厚度 3/4 砖	10 m³	8.209	2453.28	20138.98
2	8001606	水泥石灰砂浆 M5	m³	17.896	169.84	3039.46
3	A3-3	混水砖外墙 墙体厚度 1/2 砖	10 m³	0.520	2547.15	1277.72
4	8001606	水泥石灰砂浆 M5	m³	1.0608	169.84	180.17
5	A3-121	砖砌栏板 厚度 1/2 砖	100 m	0.096	4286.63	411.52
6	8001606	水泥石灰砂浆 M5	m³	0.1891	169.84	32.12
7	A3-13	混水砖内墙 墙体厚度 1/2 砖	10 m³	3.596	2479.07	8914.74
8	8001606	水泥石灰砂浆 M5	m³	7.0428	169.84	1197.07
9	A3-14	混水砖内墙 墙体厚度 3/4 砖	10 m³	0.594	2361.47	1402.71
10	8001606	水泥石灰砂浆 M5	m³	1.2890	169.84	218.92
		分部小计				36813.41

项目 4b 砌筑工程清单计价

清单工程量计算表

工程名称:广州市某办公楼   第 1 页   共 3 页

序号	清单编码	项目名称 或轴线位置说明	工程量计算式	计量 单位	工程 量
		门窗面积			
		C1	1.8×1.8	m²	3.24
		C2	2.4×1.8	m²	4.32
		C3	0.9×1.8	m²	1.62
		C4	0.9×0.8	m²	0.72
		M1	1.5×2.4	m²	3.60
		M2	0.9×2.1	m²	1.89
		M3	0.9×2.1	m²	1.89
		门窗过梁体积			
		外墙 C1	0.18×0.15×(1.8+0.25×2)×7	m³	0.43
		外墙 C2	0.18×0.18×(2.4+0.37×2)×12	m³	1.22
		外墙 C3	0.18×0.12×(0.9+0.25×2)×7	m³	0.21
		外墙 C4	没有过梁,以框架梁做过梁用		0.00
		外墙 M1	0.18×0.12×(1.5+0.25×2)	m³	0.04
		外墙 M2	0.18×0.12×(1+(0.9+0.25))	m³	0.05
		外墙 M3	0.18×0.12×(0.9+0.25×2)×2	m³	0.06
		外墙门窗过梁小计		m³	2.02
		120 厚内墙 M1	0.12×0.12×(1.5+0.05+0.25)×2	m³	0.05
		120 厚内墙 M2	0.12×0.12×((0.9+0.25)×5+(0.9+ 0.25×2)×6)	m³	0.20
		120 厚内墙 M3	0.12×0.12×((0.9+0.25×2)×2+(0.9+ 0.25))	m³	0.06
		120 厚内墙门窗过梁小计		m³	0.31
1	010401003001	实心砖墙		m³	82.09
1.1		首层外墙	$H=4.8+0.15-0.5=4.45$ m,$h=0.18$ m		
		E 轴交②—④轴	(4.5+6−0.4×3)×4.45×0.18	m³	7.45
		④交 A—E 轴	((15.8−0.5−0.4×3)×4.45−3.24×2− 4.32×2)×0.18	m³	8.57
		A 轴交①—④轴	((12−0.5×3)×4.45−4.32−1.62)×0.18	m³	7.34
		①交 A—E 轴	(((3.8+2.8+2.4−0.4×3−0.35)+(1.5 −0.5)+(6.8−0.5))×4.45−3.24−0.72 −1.89−1.89−0.72)×0.18	m³	10.29
		扣减构造柱体积 GZ1	−0.14	m³	−0.14
		小计		m³	33.51

清单工程量计算表

工程名称:广州市某办公楼　　　　　　　　　　　　　　　第2页　　共3页

序号	清单编码	项目名称 或轴线位置说明	工程量计算式	计量 单位	工程 量
1.2		二层外墙	$H=3.6-0.5=3.1$ m, $h=0.18$ m		
		E轴交①—④轴	$(12-0.09-0.4\times3)\times3.1\times0.18$	m^3	5.98
		④交A—E轴	$((15.8-0.5-0.4\times3)\times3.1-3.24\times2-4.32\times2)\times0.18$	m^3	5.15
		A轴交①—④轴	$((1.5+12-0.09-0.5\times3)\times3.1-4.32-1.62\times2)\times0.18$	m^3	5.28
		①交A—E轴	$(((1.6-0.09+1.5-0.09+2.2+2.8-0.175-0.4+1.5-0.09+2.4-0.09+1.5-0.09+6.8-0.09))\times3.1-1.89-1.89-0.72-1.62-4.32)\times0.18$	m^3	8.83
		小计		m^3	25.23
1.3		三层外墙	$25.23+0.8\times0.9\times0.18$	m^3	25.36
		扣减外墙门窗过梁体积	-2.017	m^3	-2.02
		180 mm 外墙合计		m^3	82.09
2	010401003002	实心砖墙		m^3	5.43
2.1		女儿墙高、宽	$H=0.78$ m, $h=0.12$ m		
		女儿墙	$(12-0.12+15.8-0.12+12+1.5-0.12+3.8+2.8+2.4-0.12+1.5-0.06+6.8-0.06)\times0.78\times0.115$	m^3	5.20
3	010401003003	实心砖墙		m^3	37.54
3.1		首层内墙	$H_1=4.8+0.15-0.5=4.45$ m, $H_2=4.8+0.15-0.4=4.54$ m, $h=0.12$ m		
		120 厚(H_1)	$(((4.5+6-0.18-0.5\times2)+(3.9-0.06-0.5)+(3.8-0.4-0.2)+(2.4-0.175-0.4))\times4.45-3.6-1.89-1.89)\times0.12$	m^3	8.56
		120 厚(H_2)	$(((2.1-0.06\times2)+(3.8+5.2-0.12-0.18))\times4.54-1.89\times2)\times0.12$	m^3	5.36
3.2		二层内墙	$H_1=3.6-0.5=3.1$ m, $H_2=3.6-0.4=3.2$ m, $h=0.12$ m		
		120 厚(H_1)	$(((4.5+6-0.18-0.5\times2)+(3.9-0.06-0.5)+(3.8-0.4-0.2)+(1.6-0.4-0.09))\times3.1-3.6-1.89)\times0.12$	m^3	5.65
		120 厚(H_2)	$(((2.1-0.06\times2)+(3.8+5.2-0.12-0.18))\times4.54-1.89\times2-1.89)\times0.12$	m^3	5.14
3.3		三层内墙	$H_1=3.6-0.5=3.1$ m, $H_2=3.6-0.4=3.2$ m, $h=0.12$ m		
		120 厚(H_1)	$(((4.5+6-0.18-0.5\times2)+(3.9-0.06-0.5)+(3.8-0.4-0.2)+(6.8-0.5)+(1.6-0.4-0.09))\times3.1-3.6-1.89)\times0.12$	m^3	8.00

清单工程量计算表

工程名称:广州市某办公楼

序号	清单编码	项目名称或轴线位置说明	工程量计算式	计量单位	工程量
		120 厚(H_2)	$((2.1-0.06\times2)+(3.8+5.2-0.12-0.18))\times4.54-1.89\times2-1.89)\times0.12$	m³	5.14
		扣减 120 厚内墙门窗过梁	-0.312	m³	-0.31
			120 mm 内墙合计	m³	37.54
4	010401003004	实心砖墙		m³	5.94
4.1		一、三层梯间墙	$H_1=3.6-0.5=3.1\ \text{m}, h=0.18\ \text{m}$		
		楼梯间墙	$((6-0.5-0.25)+(6-0.4-0.2))\times3.1\times0.18$	m³	5.94
5	010401012001	零星砌砖		m	9.64
5.1		阳台栏板高度、厚度	$H=0.68\ \text{m}, h=0.12\ \text{m}$		
		二、三层阳台栏板	$(2.2+2.8-0.18)\times2$	m	9.64

分部分项工程和单价措施项目清单与计价表

工程名称:广州市某办公楼 第 1 页 共 1 页

序号	项目编码	项目名称	项目特征描述	计量单位	工程量	综合单价	合价	其中:暂估价
			0104 砌筑工程					
1	010401003001	实心砖墙	1.砖品种、规格、强度等级:标准砖 240 mm×115 mm×53 mm 2.墙体类型:外墙 180 厚 3.砂浆强度等级、配合比:M5 水泥石灰砂浆	m³	82.09	471.31	38689.84	
2	010401003002	实心砖墙	1.砖品种、规格、强度等级:标准砖 240 mm×115 mm×53 mm 2.墙体类型:外墙 120 厚 3.砂浆强度等级、配合比:M5 水泥石灰砂浆	m³	5.43	482.1	2617.8	
3	010401003003	实心砖墙	1.砖品种、规格、强度等级:标准砖 240 mm×115 mm×53 mm 2.墙体类型:内墙 120 厚 3.砂浆强度等级、配合比:M5 水泥石灰砂浆	m³	37.54	461.93	17340.85	
4	010401003004	实心砖墙	1.砖品种、规格、强度等级:标准砖 240 mm×115 mm×53 mm 2.墙体类型:内墙 180 厚 3.砂浆强度等级、配合比:M5 水泥石灰砂浆	m³	5.94	453.18	2691.89	
5	010401012001	零星砌砖	1.零星砌砖名称、部位:阳台栏板 2.砖品种、规格、强度等级:标准砖 240 mm×115 mm×53 mm 3.砂浆强度等级、配合比:M5 水泥石灰砂浆	m³	9.64	496.22	4783.56	
			分部小计				66123.94	
			本页小计				66123.94	
			合 计				66123.94	

分部分项工程量综合单价分析表

工程名称：广州市某办公楼   第 1 页   共 5 页

项目编码	010401003001	项目名称	实心砖墙	计量单位	m³	工程量	82.96

清单综合单价组成明细

定额编号	定额项目名称	定额单位	数量	单价/元				合价/元			
				人工费	材料费	机械费	管理费和利润	人工费	材料费	机械费	管理费和利润
A3-4	混水砖外墙 墙体厚度 3/4 砖	10 m³	0.1	1738.44	1916.68		452.03	173.84	191.67		45.2
8001597-14	预拌砂浆（湿拌）M5.0 水泥石灰砂浆	m³	0.218		278				60.6		
人工单价		小计						173.84	252.27		45.2
综合工日 110 元/工日		未计价材料费						60.6			
清单项目综合单价								471.31			

	主要材料名称、规格、型号	单位	数量	单价/元	合价/元	暂估单价/元	暂估合价/元
材料费明细	水	m³	0.11	4.58	0.5		
	圆钉（综合）	kg	0.037	3.73	0.14		
	标准砖 240 mm×115 mm×53 mm	千块	0.5433	230.77	125.38		
	松杂板枋材	m³	0.0017	1153.04	1.96		
	其他材料费	元	1.737	1	1.74		
	复合普通硅酸盐水泥 P.C 32.5	t	0.0044	306.22	1.35		
	预拌砂浆（湿拌）M5.0 水泥石灰砂浆	m³	0.218	278	60.6		
	材料费小计			—	191.67	—	

分部分项工程量综合单价分析表

工程名称:广州市某办公楼　　　　　　　　　　　　　　　　第 2 页　　共 5 页

项目编码	010401003002	项目名称		实心砖墙		计量单位	m³	工程量	5.20
清单综合单价组成明细									
定额编号	定额项目名称	定额单位	数量	单价/元				合价/元	
				人工费	材料费	机械费	管理费和利润	人工费	材料费	机械费	管理费和利润
A3-3	混水砖外墙 墙体厚度1/2砖	10 m³	0.1	1871.1	1896.29		486.53	187.11	189.63		48.65
8001597－14	预拌砂浆（湿拌）M5.0 水泥石灰砂浆	m³	0.204		278				56.71		
人工单价		小计						187.11	246.34		48.65
综合工日 110元/工日		未计价材料费						56.71			
清单项目综合单价								482.1			

	主要材料名称、规格、型号	单位	数量	单价/元	合价/元	暂估单价/元	暂估合价/元
材料费明细	水	m³	0.113	4.58	0.52		
	圆钉（综合）	kg	0.023	3.73	0.09		
	标准砖 240 mm×115 mm×53 mm	千块	0.5583	230.77	128.84		
	松杂板枋材	m³	0.0011	1153.04	1.27		
	其他材料费	元	1.625	1	1.63		
	复合普通硅酸盐水泥 P.C 32.5	t	0.0019	306.22	0.58		
	预拌砂浆（湿拌）M5.0 水泥石灰砂浆	m³	0.204	278	56.71		
	材料费小计			—	189.64	—	

分部分项工程量综合单价分析表

工程名称:广州市某办公楼 　　　　　　　　　　　　　　　　第 3 页　　共 5 页

项目编码	010401003003	项目名称	实心砖墙	计量单位	m³	工程量	35.96

清单综合单价组成明细											
定额编号	定额项目名称	定额单位	数量	单价/元				合价/元			
				人工费	材料费	机械费	管理费和利润	人工费	材料费	机械费	管理费和利润
A3-13	混水砖内墙 墙体厚度1/2砖	10 m³	0.1	1747.9	1871.98		454.49	174.79	187.2		45.45
8001597-14	预拌砂浆（湿拌）M5.0 水泥石灰砂浆	m³	0.196		278				54.49		
人工单价			小计					174.79	241.69		45.45
综合工日 110元/工日			未计价材料费				54.49				
		清单项目综合单价					461.93				

材料费明细	主要材料名称、规格、型号	单位	数量	单价/元	合价/元	暂估单价/元	暂估合价/元
	水	m³	0.113	4.58	0.52		
	标准砖 240 mm×115 mm×53 mm	千块	0.5577	230.77	128.7		
	松杂板枋材	m³	0.0011	1153.04	1.27		
	其他材料费	元	1.556	1	1.56		
	复合普通硅酸盐水泥 P.C 32.5	t	0.0019	306.22	0.58		
	圆钉 50~75	kg	0.023	3.73	0.09		
	预拌砂浆（湿拌）M5.0 水泥石灰砂浆	m³	0.196	278	54.49		
	材料费小计			—	187.21	—	

分部分项工程量综合单价分析表

工程名称:广州市某办公楼   第 4 页   共 5 页

项目编码	010401003004	项目名称		实心砖墙		计量单位	m³	工程量	5.94

清单综合单价组成明细											

定额编号	定额项目名称	定额单位	数量	单价/元				合价/元			
				人工费	材料费	机械费	管理费和利润	人工费	材料费	机械费	管理费和利润
A3-14	混水砖内墙 墙体厚度 3/4 砖	10 m³	0.1	1619.2	1888.27		421.03	161.92	188.83		42.1
8001597 -14	预拌砂浆（湿拌）M5.0 水泥石灰砂浆	m³	0.217		278				60.33		
人工单价	小计							161.92	249.16		42.1
综合工日 110 元/工日	未计价材料费							60.33			
清单项目综合单价								453.18			

主要材料名称、规格、型号	单位	数量	单价/元	合价/元	暂估单价/元	暂估合价/元
水	m³	0.11	4.58	0.5		
标准砖 240 mm×115 mm×53 mm	千块	0.5422	230.77	125.12		
松杂板枋材	m³	0.0007	1153.04	0.81		
其他材料费	元	1.728	1	1.73		
复合普通硅酸盐水泥 P.C 32.5	t	0.0009	306.22	0.28		
圆钉 50~75	kg	0.017	3.73	0.06		
预拌砂浆(湿拌)M5.0 水泥石灰砂浆	m³	0.217	278	60.33		
材料费小计			—	188.83	—	

注: 材料费明细

分部分项工程量综合单价分析表

工程名称:广州市某办公楼   第5页   共5页

项目编码	010401012001	项目名称	零星砌砖	计量单位	m	工程量	9.64

				清单综合单价组成明细							
定额编号	定额项目名称	定额单位	数量	单价/元				合价/元			
				人工费	材料费	机械费	管理费和利润	人工费	材料费	机械费	管理费和利润
A3-124	零星砌体	10 m³	0.1	1980	1880.86		514.84	198	188.09		51.48
8001597—14	预拌砂浆(湿拌)M5.0 水泥石灰砂浆	m³	0.211		278				58.66		
人工单价				小计				198	246.75		51.48
综合工日 110元/工日				未计价材料费				58.66			
清单项目综合单价								496.22			

	主要材料名称、规格、型号	单位	数量	单价/元	合价/元	暂估单价/元	暂估合价/元
材料费明细	水	m³	0.11	4.58	0.5		
	标准砖 240 mm×115 mm×53 mm	千块	0.5514	230.77	127.25		
	其他材料费	元	1.678	1	1.68		
	预拌砂浆(湿拌)M5.0 水泥石灰砂浆	m³	0.211	278	58.66		
	材料费小计			—	188.09	—	

项目 5a　混凝土及钢筋混凝土工程定额计价

定额工程量计算表

工程名称:广州市某办公楼　　　　　　　　　　　　　　　　　　第 1 页　　共 5 页

序号	定额编号	项目名称或轴线位置说明	工程量计算式	计量单位	工程量
1	A1-5-78	混凝土垫层	(8021901 普通商品混凝土 碎石粒径 20 石 C10)	10 m³	0.624
		桩承台部分	1.950×0.9×0.1×14	m³	2.46
		基础梁部分			
		JKL1	(9−0.7×3−0.2−0.2)×(0.25+0.2)×0.1	m³	0.29
		JKL2	(6.8−0.35−0.25+0.1)×(0.3+0.2)×0.1	m³	0.32
		JKL3	(9−0.7×3−0.2−0.2)×(0.25+0.2)×0.1+ (6.8−0.35−0.15−0.25)×(0.3+0.2)×0.1	m³	0.60
		JKL4	(9−0.7×2−0.2−0.2)×(0.25+0.2)×0.1+ (6.8−0.35−0.15−0.25)×(0.3+0.2)×0.1	m³	0.63
		JKL5	(12−1.75×2−0.5)×(0.25+0.2)×0.1	m³	0.36
		JKL6、8	(12−1.75×2−0.5)×(0.25+0.2)×0.1×2	m³	0.72
		JKL7	(6−1.75−0.2)×(0.25+0.2)×0.1	m³	0.18
		JKL9	(10.5−1.75×2−0.4)×(0.25+0.2)×0.1	m³	0.30
		L1	(2.1−0.125−0.09−0.1)×(0.18+0.2)×0.1	m³	0.07
		L2	(9−0.25×3)×(0.18+0.2)×0.1	m³	0.31
		基础梁合计		m³	3.78
		垫层合计	2.46+3.78	m³	6.24
2	A1-5-2	其他混凝土基础	(8021904 普通商品混凝土 碎石粒径 20 石 C25)	10 m³	1.715
			1.75×0.7×1×14	m³	17.15
3	A1-5-5	矩形柱	(8021904 普通商品混凝土 碎石粒径 20 石 C25)	10 m³	3.377
		KZ1	0.4×0.5×(12+0.5)×6	m³	15.00
		KZ2	0.4×0.35×(12+0.5)×2	m³	3.50
		KZ3	0.5×0.4×(12+0.5)	m³	2.50
		KZ1a	0.5×0.4×(12+0.5)×5	m³	12.50
		梯柱	0.18×0.18×(2.4+1.8)×2	m³	0.27
		矩形柱合计		m³	33.77

定额工程量计算表

工程名称：广州市某办公楼　　　　　　　　　　　　　　第 2 页　　共 5 页

序号	定额编号	项目名称或轴线位置说明	工程量计算式	计量单位	工程量
4	A1-5-6	构造柱	(8021903 普通商品混凝土 碎石粒径 20 石 C20)	10 m³	0.021
			$(0.18 \times 0.18 + 0.18 \times 0.03 \times 2 + 0.12 \times 0.03) \times (4.8 + 0.15 - 0.5)$	m³	0.21
5	A1-5-8	基础梁	(8021904 普通商品混凝土 碎石粒径 20 石 C25)	10 m³	1.36
		JKL1	$(9 - 0.7 \times 3 - 0.2 - 0.2) \times 0.25 \times 0.5 + 0.35 \times 0.25 \times (0.15 \times 4 + 0.35)$	m³	0.90
		JKL2	$(6.8 - 0.35 - 0.25) \times 0.3 \times 0.7 + 0.35 \times 0.3 \times 0.1$	m³	1.31
		JKL3	$(9 - 0.7 \times 3 - 0.2 - 0.2) \times 0.25 \times 0.5 + 0.35 \times 0.25 \times (0.15 \times 4 + 0.175 \times 2) + (6.8 - 0.35 - 0.25 - 0.15) \times 0.3 \times 0.7 + 0.35 \times 0.3 \times (0.1 + 0.15)$	m³	2.19
		JKL4	$(9 - 0.7 \times 2 - 0.2 - 0.2) \times 0.25 \times 0.5 + 0.35 \times 0.25 \times 0.15 \times 4 + (6.8 - 0.35 - 0.25 - 0.15) \times 0.3 \times 0.7 + 0.35 \times 0.3 \times (0.1 + 0.15)$	m³	2.25
		JKL5、6、8	$((12 - 1.75 \times 2 - 0.5) \times 0.25 \times 0.6 + 0.35 \times 0.25 \times 0.625 \times 4) \times 3$	m³	4.26
		JKL7	$(6 - 1.75 - 0.2) \times 0.25 \times 0.6 + 0.35 \times 0.25 \times 0.675 \times 2$	m³	0.73
		JKL9	$(10.5 - 1.75 \times 2 - 0.4) \times 0.25 \times 0.6 + 0.35 \times 0.25 \times 0.675 \times 4$	m³	1.23
		L1	$(2.1 - 0.125 - 0.09) \times 0.18 \times 0.4$	m³	0.14
		L2	$(9 - 0.25 \times 3) \times 0.18 \times 0.4$	m³	0.59
		基础梁合计		m³	13.60
6	A1-5-10	圈梁、过梁、拱梁、弧形梁	(8021903 普通商品混凝土 碎石粒径 20 石 C20)	10 m³	0.232
		C1	$0.18 \times 0.15 \times (1.8 + 0.5) \times 7$	m³	0.43
		C2	$0.18 \times 0.18 \times (2.4 + 0.37 \times 2) \times 12$	m³	1.22
		C3	$0.18 \times 0.12 \times (0.9 + 0.5) \times 7$	m³	0.21
			C4 没有过梁，以框架梁做过梁用		
		M1	$0.18 \times 0.12 \times (1.5 + 0.5) + 0.12 \times 0.12 \times (1.5 + 0.25)$	m³	0.07
		M2	$0.18 \times 0.12 \times (0.9 + (0.9 + 0.25) \times 2) + 0.12 \times 0.12 \times ((0.9 + 0.25) \times 5 + (0.9 + 0.5) \times 6)$	m³	0.27
		M3	$0.18 \times 0.12 \times (0.9 + 0.5) \times 2 + 0.12 \times 0.12 \times ((0.9 + 0.5) \times 2 + (0.9 + 0.25))$	m³	0.12

定额工程量计算表

工程名称:广州市某办公楼　　　　　　　　　　　　　　　　第3页　　共5页

序号	定额编号	项目名称或轴线位置说明	工程量计算式	计量单位	工程量
		过梁合计		m³	2.32
7	A1-5-14	平板、有梁板、无梁板	(8021904 普通商品混凝土 碎石粒径 20 石 C25)	10 m³	9.043
		二层板部分	(6.8×12＋9×(12＋1.5)－(6－0.25＋0.125)×(2.8－0.25)－1.5×(5－0.125－0.09)－0.4×0.5×6－0.4×0.35×2－0.5×0.4×1－0.5×0.4×5)×0.1	m³	17.83
		二层梁部分			
		KL1	(15.8－0.4×3－0.35－0.125)×(0.5－0.1)×0.25	m³	1.41
		KL2	(15.8－0.4×3－0.5－0.35－(2.8－0.2－0.175))×(0.5－0.1)×0.25	m³	1.13
		KL3	(15.8－0.4×3－0.5)×(0.5－0.1)×0.25	m³	1.41
		KL4	(12－0.5×3)×(0.5－0.1)×0.25＋1.5×(0.4－0.1)×0.25	m³	1.16
		KL5	(12－0.5×3)×(0.5－0.1)×0.25	m³	1.05
		KL6	(6－0.4－0.2)×(0.5－0.1)×0.25＋1.5×(0.4－0.1)×0.25	m³	0.65
		KL7	(12－0.5×3)×(0.5－0.1)×0.25＋1.5×(0.4－0.1)×0.25	m³	1.16
		KL8	(12－0.4×3－0.125)×(0.5－0.1)×0.25	m³	1.07
		L1	(3.8－2.2＋0.09＋2.4－0.25×2－0.125)×(0.4－0.1)×0.18	m³	0.19
		L2	(3.8＋2.8＋2.4－0.25×3)×(0.4－0.1)×0.18	m³	0.45
		L3	(1.5－0.18)×(0.4－0.1)×0.18	m³	0.07
		L4	(2.1－0.25/2－0.18/2)×(0.4－0.1)×0.18	m³	0.10
		L5	(6.8－0.2－0.25)×(0.4－0.1)×0.2×2	m³	0.76
		L6	(12－0.25×3)×(0.4－0.1)×0.2	m³	0.68
		二层梁合计		m³	11.29
		二层有梁板合计	17.83＋11.29	m³	29.12
		三层有梁板	同二层 17.83＋11.29	m³	29.12
		天面梁部分	与二层相同的体积为 11.29	m³	11.29
		加③/Ⓑ－Ⓒ:	(2.8－0.2－0.175)×(0.5－0.1)×0.25	m³	0.24

定额工程量计算表

工程名称:广州市某办公楼 　　　　　　　　　　　　　　　　第 4 页　　共 5 页

序号	定额编号	项目名称或轴线位置说明	工程量计算式	计量单位	工程量
		加①'/Ⓐ—Ⓒ	$(2.2+2.8-0.09-0.125-0.25)×(0.4-0.1)×0.18$	m³	0.24
		加①'—①/Ⓐ—Ⓑ	$1.5×(0.4-0.1)×0.25$	m³	0.11
		天面梁合计		m³	11.88
		天面板部分	$(6.8×12+9×(12+1.5)-0.4×0.5×6-0.4×0.35×2-0.5×0.4×1-0.5×0.4×5)×0.1$	m³	20.04
		屋面有梁板	$11.88+20.04$	m³	31.92
		有梁板合计		m³	90.43
8	A1-5-29	阳台、雨篷	（8021904 普通商品混凝土 碎石粒径 20 石 C25）	10 m³	0.216
		二层阳台部分	$(2.2+2.8-0.09-0.125)×1.5×0.1+1.5×(0.4-0.1)×0.25+(2.2+2.8-0.09-0.125-0.25)×(0.4-0.1)×0.18$	m³	1.08
		三层阳台部分	与二层阳台板一样为 1.08	m³	1.08
		阳台板合计		m³	2.16
9	A1-5-21	直形楼梯	（8021904 普通商品混凝土 碎石粒径 20 石 C25）	10 m³	0.563
		首层楼梯（梯段）	$(0.16×0.28×0.5×14+(3.92^2+2.4^2)^{0.5}×0.1)×(1.35-0.09)×2$	m³	1.95
		首层休息平台	$(1.955-0.18)×(2.8-0.18)×0.1$	m³	0.47
		二层楼梯（梯段）	$(0.15×0.28×0.5×11+(3.08^2+1.65^2)^{0.5}×0.1)×(1.35-0.09)×2$	m³	1.46
		二层休息平台	$(2.795-0.18)×(2.8-0.18)×0.1$	m³	0.69
		TL1	$((2.8-0.4×0.5-0.35×0.5)+(2.8-0.18))×(0.35-0.1)×0.18×2$	m³	0.45
		梯口梁	$(2.8-0.2-0.175)×0.5×0.25×2$	m³	0.61
		楼梯合计			5.63
10	A1-5-33	地沟、明沟、电缆沟、散水坡	（8021903 普通商品混凝土 碎石粒径 20 石 C20）	10 m³	0.298
			$((15.8+12)×2×1+1×1×4)×0.05$	m³	2.98
11	A4-74	3∶7 灰土		10 m³	0.894
			$((15.8+12)×2×1+1×1×4)×0.15$	m³	8.94
12	A1-5-35	压顶、扶手	（8021904 普通商品混凝土 碎石粒径 20 石 C25）	10 m³	0.171

定额工程量计算表

工程名称:广州市某办公楼　　　　　　　　　　　　　　　　第 5 页　　 共 5 页

序号	定额编号	项目名称 或轴线位置说明	工程量计算式	计量 单位	工程 量
		女儿墙部分	$(15.8+13.5)\times2\times(0.12\times0.12-0.06\times0.06)+(0.12\times0.12+0.06\times0.06)\times0.06\times4+(15.8-0.06\times2+13.5-0.06\times2)\times2\times0.12\times0.12$	m³	1.47
		阳台栏板部分	$(0.24\times0.12-0.06\times0.06)\times(2.2+2.8-0.09\times2)\times2$	m³	0.24
		压顶合计	$1.47+0.24$	m³	1.71

定额分部分项工程预算表

工程名称：广州市某办公楼　　　　　　　　　　第 1 页　　共 2 页

序号	定额编号	子目名称及说明	计量单位	工程量	定额基价/元	合价/元
1	A4-58	混凝土垫层	10 m³	0.624	666.04	415.61
2	8021901	普通商品混凝土 碎石粒径 20 石 C10	m³	6.3336	220	1393.39
3	A4-2	其他混凝土基础	10 m³	1.715	725.27	1243.84
4	8021904	普通商品混凝土 碎石粒径 20 石 C25	m³	17.3215	250	4330.38
5	A4-5	矩形、多边形、异形、圆柱形	10 m³	3.377	795.46	2686.27
6	8021904	普通商品混凝土 碎石粒径 20 石 C25	m³	34.1077	250	8526.93
7	A4-6	构造柱	10 m³	0.021	1143.69	24.02
8	8021904	普通商品混凝土 碎石粒径 20 石 C25	m³	0.2121	250	53.03
9	A4-8	基础梁	10 m³	1.36	540.88	735.6
10	8021904	普通商品混凝土 碎石粒径 20 石 C25	m³	13.736	250	3434
11	A4-10	圈梁、过梁、拱梁、弧形梁	10 m³	0.232	1064.23	246.9
12	8021904	普通商品混凝土 碎石粒径 20 石 C25	m³	2.3432	250	585.8
13	A4-14	平板、有梁板、无梁板（二层）	10 m³	2.912	580.64	1690.82
14	8021904	普通商品混凝土 碎石粒径 20 石 C25	m³	29.4112	250	7352.8
15	A4-14	平板、有梁板、无梁板（三层）	10 m³	2.912	580.64	1690.82
16	8021904	普通商品混凝土 碎石粒径 20 石 C25	m³	29.4112	250	7352.8
17	A4-14	平板、有梁板、无梁板（三层）	10 m³	3.219	580.64	1869.08

定额分部分项工程预算表

工程名称:广州市某办公楼　　　　　　　　　　　　第 2 页　　共 2 页

序号	定额编号	子目名称及说明	计量单位	工程量	定额基价/元	合价/元
18	8021904	普通商品混凝土 碎石粒径 20 石 C25	m³	32.5119	250	8127.98
19	A4-26	阳台、雨篷(二层阳台)	10 m³	0.108	1013.07	109.41
20	8021904	普通商品混凝土 碎石粒径 20 石 C25	m³	1.0908	250	272.7
21	A4-26	阳台、雨篷(三层阳台)	10 m³	0.108	1013.07	109.41
22	8021904	普通商品混凝土 碎石粒径 20 石 C25	m³	1.0908	250	272.7
23	A4-20	直形楼梯	10 m³	0.563	918.62	517.18
24	8021904	普通商品混凝土 碎石粒径 20 石 C25	m³	5.6863	250	1421.58
25	A4-30	地沟、明沟、电缆沟、散水坡(散水)	10 m³	0.298	571	170.16
26	8021903	普通商品混凝土 碎石粒径 20 石 C20	m³	3.0098	240	722.35
27	A4-74	3∶7 灰土	10 m³	0.894	1736.87	1552.76
28	A4-32	压顶、扶手(女儿墙及阳台栏板压顶)	10 m³	0.171	1189.76	203.45
29	8021904	普通商品混凝土 碎石粒径 20 石 C25	m³	1.7271	250	431.78
		分部小计				57543.55

项目 5b　混凝土及钢筋混凝土工程清单计价

清单工程量计算表

工程名称：广州市某办公楼　　　　　　　　　　　　　第 1 页　　共 5 页

序号	清单编码	项目名称 或轴线位置说明	工程量计算式	计量 单位	工程 量
1	010501001001	垫层			
		桩承台部分	$1.950 \times 0.9 \times 0.1 \times 14$	m³	2.46
		基础梁部分			
		JKL1	$(9-0.7 \times 3-0.2-0.2) \times (0.25+0.2) \times 0.1$	m³	0.29
		JKL2	$(6.8-0.35-0.25+0.1) \times (0.3+0.2) \times 0.1$	m³	0.32
		JKL3	$(9-0.7 \times 3-0.2-0.2) \times (0.25+0.2) \times 0.1+(6.8-0.35-0.15-0.25) \times (0.3+0.2) \times 0.1$	m³	0.60
		JKL4	$(9-0.7 \times 2-0.2-0.2) \times (0.25+0.2) \times 0.1+(6.8-0.35-0.15-0.25) \times (0.3+0.2) \times 0.1$	m³	0.63
		JKL5	$(12-1.75 \times 2-0.5) \times (0.25+0.2) \times 0.1$	m³	0.36
		JKL6、8	$(12-1.75 \times 2-0.5) \times (0.25+0.2) \times 0.1 \times 2$	m³	0.72
		JKL7	$(6-1.75-0.2) \times (0.25+0.2) \times 0.1$	m³	0.18
		JKL9	$(10.5-1.75 \times 2-0.4) \times (0.25+0.2) \times 0.1$	m³	0.30
		L1	$(2.1-0.125-0.09-0.1) \times (0.18+0.2) \times 0.1$	m³	0.07
		L2	$(9-0.25 \times 3) \times (0.18+0.2) \times 0.1$	m³	0.31
		基础梁合计		m³	3.78
		垫层合计	$2.46+3.78$	m³	6.24
2	010501005001	桩承台基础			
			$1.75 \times 0.7 \times 1 \times 14$	m³	17.15
3	010502001001	矩形柱			
		KZ1	$0.4 \times 0.5 \times (12+0.5) \times 6$	m³	15.00
		KZ2	$0.4 \times 0.35 \times (12+0.5) \times 2$	m³	3.50
		KZ3	$0.5 \times 0.4 \times (12+0.5)$	m³	2.50
		KZ1a	$0.5 \times 0.4 \times (12+0.5) \times 5$	m³	12.50
		梯柱	$0.18 \times 0.18 \times (2.4+1.8) \times 2$	m³	0.27
		矩形柱合计		m³	33.77

清单工程量计算表

工程名称:广州市某办公楼　　　　　　　　　　　　　　第2页　　共5页

序号	清单编码	项目名称或轴线位置说明	工程量计算式	计量单位	工程量
4	010502002001	构造柱			
			$(0.18×0.18+0.18×0.03×2+0.12×0.03)×(4.8+0.15−0.5)$	m³	0.21
5	010503001001	基础梁			
		JKL1	$(9−0.7×3−0.2−0.2)×0.25×0.5+0.35×0.25×(0.15×4+0.35)$	m³	0.90
		JKL2	$(6.8−0.35−0.25)×0.3×0.7+0.35×0.3×0.1$	m³	1.31
		JKL3	$(9−0.7×3−0.2−0.2)×0.25×0.5+0.35×0.25×(0.15×4+0.175×2)+(6.8−0.35−0.25−0.15)×0.3×0.7+0.35×0.3×(0.1+0.15)$	m³	2.19
		JKL4	$(9−0.7×2−0.2−0.2)×0.25×0.5+0.35×0.25×0.15×4+(6.8−0.35−0.25−0.15)×0.3×0.7+0.35×0.3×(0.1+0.15)$	m³	2.25
		JKL5、6、8	$((12−1.75×2−0.5)×0.25×0.6+0.35×0.25×0.625×4)×3$	m³	4.26
		JKL7	$(6−1.75−0.2)×0.25×0.6+0.35×0.25×0.675×2$	m³	0.73
		JKL9	$(10.5−1.75×2−0.4)×0.25×0.6+0.35×0.25×0.675×4$	m³	1.23
		L1	$(2.1−0.125−0.09)×0.18×0.4$	m³	0.14
		L2	$(9−0.25×3)×0.18×0.4$	m³	0.59
		基础梁合计		m³	13.60
6	010503005001	过梁			
		C1	$0.18×0.15×(1.8+0.5)×7$	m³	0.43
		C2	$0.18×0.18×(2.4+0.37×2)×12$	m³	1.22
		C3	$0.18×0.12×(0.9+0.5)×7$	m³	0.21
			C4没有过梁,以框架梁做过梁用		
		M1	$0.18×0.12×(1.5+0.5)+0.12×0.12×(1.5+0.25)$	m³	0.07
		M2	$0.18×0.12×(0.9+(0.9+0.25)×2)+0.12×0.12×((0.9+0.25)×5+(0.9+0.5)×6)$	m³	0.27
		M3	$0.18×0.12×(0.9+0.5)×2+0.12×0.12×((0.9+0.5)×2+(0.9+0.25))$	m³	0.12

清单工程量计算表

工程名称：广州市某办公楼 第3页 共5页

序号	清单编码	项目名称 或轴线位置说明	工程量计算式	计量 单位	工程 量
		过梁合计		m³	2.32
7	010505001001	有梁板			
		二层板部分	$(6.8 \times 12 + 9 \times (12 + 1.5) - (6 - 0.25 + 0.125) \times (2.8 - 0.25) - 1.5 \times (5 - 0.125 - 0.09)) \times 0.1$	m³	18.09
		二层梁部分			
		KL1	$(15.8 - 0.4 \times 3 - 0.35 - 0.125) \times (0.5 - 0.1) \times 0.25$	m³	1.41
		KL2	$(15.8 - 0.4 \times 3 - 0.5 - 0.35 - (2.8 - 0.2 - 0.175)) \times (0.5 - 0.1) \times 0.25$	m³	1.13
		KL3	$(15.8 - 0.4 \times 3 - 0.5) \times (0.5 - 0.1) \times 0.25$	m³	1.41
		KL4	$(12 - 0.5 \times 3) \times (0.5 - 0.1) \times 0.25 + 1.5 \times (0.4 - 0.1) \times 0.25$	m³	1.16
		KL5	$(12 - 0.5 \times 3) \times (0.5 - 0.1) \times 0.25$	m³	1.05
		KL6	$(6 - 0.4 - 0.2) \times (0.5 - 0.1) \times 0.25 + 1.5 \times (0.4 - 0.1) \times 0.25$	m³	0.65
		KL7	$(12 - 0.5 \times 3) \times (0.5 - 0.1) \times 0.25 + 1.5 \times (0.4 - 0.1) \times 0.25$	m³	1.16
		KL8	$(12 - 0.4 \times 3 - 0.125) \times (0.5 - 0.1) \times 0.25$	m³	1.07
		L1	$(3.8 - 2.2 + 0.09 + 2.4 - 0.25 \times 2 - 0.125) \times (0.4 - 0.1) \times 0.18$	m³	0.19
		L2	$(3.8 + 2.8 + 2.4 - 0.25 \times 3) \times (0.4 - 0.1) \times 0.18$	m³	0.45
		L3	$(1.5 - 0.18) \times (0.4 - 0.1) \times 0.18$	m³	0.07
		L4	$(2.1 - 0.25/2 - 0.18/2) \times (0.4 - 0.1) \times 0.18$	m³	0.10
		L5	$(6.8 - 0.2 - 0.25) \times (0.4 - 0.1) \times 0.2 \times 2$	m³	0.76
		L6	$(12 - 0.25 \times 3) \times (0.4 - 0.1) \times 0.2$	m³	0.68
		二层梁合计		m³	11.29
		二层有梁板合计	18.09 + 11.29	m³	29.38
		三层有梁板合计	18.09 + 11.29	m³	29.38
		天面梁部分	与二层相同的体积为11.29	m³	11.29
		加③/Ⓑ-Ⓒ:	$(2.8 - 0.2 - 0.175) \times (0.5 - 0.1) \times 0.25$	m³	0.24

清单工程量计算表

工程名称:广州市某办公楼   第4页   共5页

序号	清单编码	项目名称或轴线位置说明	工程量计算式	计量单位	工程量
		加①'/Ⓐ—Ⓒ	$(2.2+2.8-0.09-0.125-0.25)\times(0.4-0.1)\times0.18$	m³	0.24
		加①'—①/Ⓐ—Ⓑ	$1.5\times(0.4-0.1)\times0.25$	m³	0.11
		天面梁合计		m³	11.88
		天面板部分	$(6.8\times12+9\times(12+1.5))\times0.1$	m³	20.31
		屋面有梁板	$11.88+20.31$	m³	32.19
		有梁板合计		m³	90.43
8	010505008001	雨篷、悬挑板、阳台板			
		二层阳台部分	$(2.2+2.8-0.09-0.125)\times1.5\times0.1+1.5\times(0.4-0.1)\times0.25+(2.2+2.8-0.09-0.125-0.25)\times(0.4-0.1)\times0.18$	m³	1.08
		三层阳台部分	与二层阳台板一样为1.08	m³	1.08
		阳台板合计		m³	2.16
9	010506001001	楼梯混凝土			
		首层楼梯（梯段）	$(0.5\times0.16\times0.28\times14+(3.92^2+2.4^2)^{0.5}\times0.1)\times(1.35-0.09)\times2$	m³	1.95
		首层休息平台	$(1.955-0.18)\times(2.8-0.18)\times0.1$	m³	0.47
		二层楼梯（梯段）	$(0.5\times0.15\times0.28\times11+(3.08^2+1.65^2)^{0.5}\times0.1)\times(1.35-0.09)\times2$	m³	1.46
		二层休息平台	$(2.795-0.18)\times(2.8-0.18)\times0.1$	m³	0.69
		TL1	$((2.8-0.4\times0.5-0.35\times0.5)+(2.8-0.18))\times(0.35-0.1)\times0.18\times2$	m³	0.45
		梯口梁	$(2.8-0.2-0.175)\times0.5\times0.25\times2$	m³	0.61
		楼梯合计			5.65
10	010507001001	散水、坡道			
			$(15.8+12.00)\times2\times1+1\times1\times4$	m²	62.60
11	010507005001	扶手、压顶			
		女儿墙部分	$(15.8+13.5)\times2\times(0.12\times0.12-0.06\times0.06)+(0.12\times0.12+0.06\times0.06)\times0.06\times4+(15.8-0.06\times2+13.5-0.06\times2)\times2\times0.12\times0.12$	m³	1.47

清单工程量计算表

工程名称:广州市某办公楼　　　　　　　　　　　　　　　　第 5 页　　共 5 页

序号	清单编码	项目名称 或轴线位置说明	工程量计算式	计量 单位	工程 量
		阳台栏板部分	$(0.24×0.12-0.06×0.06)×(2.2+2.8-0.09×2)×2$	m³	0.24
		压顶合计	$1.47+0.24$	m³	1.71

分部分项工程和单价措施项目清单与计价表

工程名称:广州市某办公楼 　　　　　　　　　　　　　　　　第1页　　共1页

序号	项目编码	项目名称	项目特征描述	计量单位	工程量	综合单价	合价	其中:暂估价
			0105 混凝土及钢筋混凝土工程					
1	010501001001	垫层	1.混凝土种类:普通商品混凝土 2.混凝土强度等级:C10	m³	6.24	446.91	2788.72	
2	010501005001	桩承台基础	1.混凝土种类:普通商品混凝土 2.混凝土强度等级:C25	m³	17.15	471.72	8090	
3	010502001001	矩形柱	1.混凝土种类:普通商品混凝土 2.混凝土强度等级:C25	m³	33.77	498.51	16834.68	
4	010502002001	构造柱	1.混凝土种类:普通商品混凝土 2.混凝土强度等级:C20	m³	0.21	567.43	119.16	
5	010503001001	基础梁	1.混凝土种类:普通商品混凝土 2.混凝土强度等级:C25	m³	13.6	440.16	5986.18	
6	010503005001	过梁	1.混凝土种类:普通商品混凝土 2.混凝土强度等级:C20	m³	2.32	545.85	1266.37	
7	010505001001	有梁板	1.混凝土种类:普通商品混凝土 2.混凝土强度等级:C25	m³	90.43	446.62	40387.85	
8	010505008001	雨篷、悬挑板、阳台板	1.混凝土种类:普通商品混凝土 2.混凝土强度等级:C25	m³	2.16	538.75	1163.7	
9	010506001001	直形楼梯	1.混凝土种类:普通商品混凝土 2.混凝土强度等级:C25	m³	5.65	522.14	2950.1	
10	010507001001	散水、坡道	1.垫层材料种类、厚度:150 厚 3:7 灰土 2.面层厚度:50 mm 3.混凝土种类:普通商品混凝土 4.混凝土强度等级:C20	m²	62.6	63.28	3961.33	
11	010507005001	扶手、压顶	1.混凝土种类:普通商品混凝土 2.混凝土强度等级:C25	m³	1.71	577.04	986.74	
			分部小计				84534.83	
			本页小计				84534.83	
			合　计				84534.83	

分部分项工程量综合单价分析表

工程名称：广州市某办公楼　　　　　　　　　　　　　第 1 页　　共 11 页

项目编码	010501001001	项目名称		垫层	计量单位	m³	工程量	6.24

清单综合单价组成明细											
定额编号	定额项目名称	定额单位	数量	单价/元				合价/元			
				人工费	材料费	机械费	管理费和利润	人工费	材料费	机械费	管理费和利润
A4-58	混凝土垫层	10 m³	0.1	1107.7	7.88		367.71	110.77	0.79		36.77
8021901	普通商品混凝土 碎石粒径 20 石 C10	m³	1.015		294.17				298.58		
人工单价		小计						110.77	299.37		36.77
综合工日 110 元/工日		未计价材料费						446.91			
清单项目综合单价								148.3			

材料费明细	主要材料名称、规格、型号	单位	数量	单价/元	合价/元	暂估单价/元	暂估合价/元
	水	m³	0.172	4.58	0.79		
	其他材料费			—	298.58	—	
	材料费小计			—	0.77	—	

分部分项工程量综合单价分析表

工程名称:广州市某办公楼 　　　　　　　　　　　第 2 页　　　共 11 页

| 项目编码 | 010501005001 | 项目名称 | 桩承台基础 | 计量单位 | m³ | 工程量 | 17.15 |

<table>
<tr><th colspan="12">清单综合单价组成明细</th></tr>
<tr><th rowspan="2">定额编号</th><th rowspan="2">定额项目名称</th><th rowspan="2">定额单位</th><th rowspan="2">数量</th><th colspan="4">单价/元</th><th colspan="4">合价/元</th></tr>
<tr><th>人工费</th><th>材料费</th><th>机械费</th><th>管理费和利润</th><th>人工费</th><th>材料费</th><th>机械费</th><th>管理费和利润</th></tr>
<tr><td>A4-2</td><td>其他混凝土基础</td><td>10 m³</td><td>0.1</td><td>955.9</td><td>19.54</td><td>145.37</td><td>350.69</td><td>95.59</td><td>1.95</td><td>14.54</td><td>35.07</td></tr>
<tr><td>8021904</td><td>普通商品混凝土 碎石粒径20 石 C25</td><td>m³</td><td>1.01</td><td></td><td>321.36</td><td></td><td></td><td></td><td>324.57</td><td></td><td></td></tr>
<tr><td colspan="2">人工单价</td><td colspan="6" style="text-align:center">小计</td><td>95.59</td><td>326.52</td><td>14.54</td><td>35.07</td></tr>
<tr><td colspan="2">综合工日110元/工日</td><td colspan="10" style="text-align:center">未计价材料费</td></tr>
<tr><td colspan="8" style="text-align:center">清单项目综合单价</td><td colspan="4" style="text-align:center">471.72</td></tr>
</table>

主要材料名称、规格、型号	单位	数量	单价/元	合价/元	暂估单价/元	暂估合价/元
水	m³	0.439	4.45	1.95		
普通商品混凝土 碎石粒径20 石 C25	m³	1.01	321.36	324.57		
材料费小计			—	326.52	—	

（材料费明细）

分部分项工程量综合单价分析表

工程名称：广州市某办公楼　　　　　　　　　　　　　　　第 3 页　　共 11 页

项目编码	010502001001	项目名称		矩形柱	计量单位	m³	工程量	33.77

清单综合单价组成明细											
定额编号	定额项目名称	定额单位	数量	单价/元				合价/元			
				人工费	材料费	机械费	管理费和利润	人工费	材料费	机械费	管理费和利润
A4-5	矩形、多边形、异形、圆柱形	10 m³	0.1	1276	23.05	12.62	427.68	127.6	2.31	1.26	42.77
8021904	普通商品混凝土 碎石粒径 20 石 C25	m³	1.01		321.36				324.57		
人工单价			小计					127.6	326.88	1.26	42.77
综合工日 110 元/工日			未计价材料费								
清单项目综合单价								498.51			

	主要材料名称、规格、型号	单位	数量	单价/元	合价/元	暂估单价/元	暂估合价/元
材料费明细	水	m³	0.472	4.45	2.1		
	普通商品混凝土 碎石粒径 20 石 C25	m³	1.01	321.36	324.57		
	其他材料费	元	0.205	1	0.2		
	材料费小计			—	326.87	—	

分部分项工程量综合单价分析表

工程名称:广州市某办公楼　　　　　　　　　　　　　　　　第4页　　共11页

项目编码	010502002001	项目名称		构造柱	计量单位	m³	工程量	0.21

<table>
<tr><td colspan="11" align="center">清单综合单价组成明细</td></tr>
<tr><td rowspan="3">定额编号</td><td rowspan="3">定额项目名称</td><td rowspan="3">定额单位</td><td rowspan="3">数量</td><td colspan="4" align="center">单价/元</td><td colspan="4" align="center">合价/元</td></tr>
<tr><td>人工费</td><td>材料费</td><td>机械费</td><td>管理费和利润</td><td>人工费</td><td>材料费</td><td>机械费</td><td>管理费和利润</td></tr>
<tr></tr>
<tr><td>A4-6</td><td>构造柱</td><td>10 m³</td><td>0.1</td><td>1860.1</td><td>22.53</td><td>12.62</td><td>621.58</td><td>186.01</td><td>2.25</td><td>1.26</td><td>62.16</td></tr>
<tr><td>8021903</td><td>普通商品混凝土 碎石粒径 20 石 C20</td><td>m³</td><td>1.01</td><td></td><td>312.62</td><td></td><td></td><td></td><td>315.75</td><td></td><td></td></tr>
<tr><td>人工单价</td><td colspan="3" align="center">小计</td><td colspan="4"></td><td>186.01</td><td>318</td><td>1.26</td><td>62.16</td></tr>
<tr><td>综合工日 110 元/工日</td><td colspan="3" align="center">未计价材料费</td><td colspan="8"></td></tr>
<tr><td colspan="8" align="center">清单项目综合单价</td><td colspan="4" align="center">567.43</td></tr>
</table>

	主要材料名称、规格、型号	单位	数量	单价/元	合价/元	暂估单价/元	暂估合价/元
材料费明细	水	m³	0.4662	4.45	2.07		
	普通商品混凝土 碎石粒径 20 石 C20	m³	1.01	312.62	315.75		
	其他材料费	元	0.179	1	0.18		
	材料费小计			—	318	—	

分部分项工程量综合单价分析表

工程名称:广州市某办公楼　　　　　　　　　　　　　第 5 页　　共 11 页

项目编码	010503001001	项目名称	基础梁	计量单位	m³	工程量	13.6

<table>
<tr><td colspan="12" align="center">清单综合单价组成明细</td></tr>
<tr><td rowspan="2">定额编号</td><td rowspan="2">定额项目名称</td><td rowspan="2">定额单位</td><td rowspan="2">数量</td><td colspan="4" align="center">单价/元</td><td colspan="4" align="center">合价/元</td></tr>
<tr><td>人工费</td><td>材料费</td><td>机械费</td><td>管理费和利润</td><td>人工费</td><td>材料费</td><td>机械费</td><td>管理费和利润</td></tr>
<tr><td>A4-8</td><td>基础梁</td><td>10 m³</td><td>0.1</td><td>826.1</td><td>38.68</td><td>12.73</td><td>278.37</td><td>82.61</td><td>3.87</td><td>1.27</td><td>27.84</td></tr>
<tr><td>8021904</td><td>普通商品混凝土 碎石粒径 20 石 C25</td><td>m³</td><td>1.01</td><td></td><td>321.36</td><td></td><td></td><td></td><td>324.57</td><td></td><td></td></tr>
<tr><td colspan="2" align="center">人工单价</td><td colspan="2" align="center">小计</td><td colspan="4"></td><td>82.61</td><td>328.44</td><td>1.27</td><td>27.84</td></tr>
<tr><td colspan="4">综合工日 110 元/工日</td><td colspan="4" align="center">未计价材料费</td><td colspan="4"></td></tr>
<tr><td colspan="8" align="center">清单项目综合单价</td><td colspan="4" align="center">440.16</td></tr>
</table>

	主要材料名称、规格、型号	单位	数量	单价/元	合价/元	暂估单价/元	暂估合价/元
材料费明细	水	m³	0.581	4.45	2.59		
	普通商品混凝土 碎石粒径 20 石 C25	m³	1.01	321.36	324.57		
	其他材料费	元	1.283	1	1.28		
	材料费小计			—	328.44	—	

分部分项工程量综合单价分析表

工程名称:广州市某办公楼　　　　　　　　　　　　　　　　第 6 页　　　共 11 页

项目编码	010503005001		项目名称		过梁	计量单位	m³	工程量	2.32

<table>
<tr><td colspan="12" style="text-align:center">清单综合单价组成明细</td></tr>
<tr><td rowspan="2">定额编号</td><td rowspan="2">定额项目名称</td><td rowspan="2">定额单位</td><td rowspan="2">数量</td><td colspan="4">单价/元</td><td colspan="4">合价/元</td></tr>
<tr><td>人工费</td><td>材料费</td><td>机械费</td><td>管理费和利润</td><td>人工费</td><td>材料费</td><td>机械费</td><td>管理费和利润</td></tr>
<tr><td>A4-10</td><td>圈梁、过梁、拱梁、弧形梁</td><td>10 m³</td><td>0.1</td><td>1668.7</td><td>61.48</td><td>12.73</td><td>558.08</td><td>166.87</td><td>6.15</td><td>1.27</td><td>55.81</td></tr>
<tr><td>8021903</td><td>普通商品混凝土 碎石粒径 20 石 C20</td><td>m³</td><td>1.01</td><td></td><td>312.62</td><td></td><td></td><td></td><td>315.75</td><td></td><td></td></tr>
<tr><td>人工单价</td><td colspan="3" style="text-align:center">小计</td><td colspan="4"></td><td>166.87</td><td>321.90</td><td>1.27</td><td>55.81</td></tr>
<tr><td>综合工日 110 元/工日</td><td colspan="3" style="text-align:center">未计价材料费</td><td colspan="8"></td></tr>
<tr><td colspan="4" style="text-align:center">清单项目综合单价</td><td colspan="8" style="text-align:center">545.85</td></tr>
</table>

<table>
<tr><td rowspan="12">材料费明细</td><td style="text-align:center">主要材料名称、规格、型号</td><td style="text-align:center">单位</td><td style="text-align:center">数量</td><td style="text-align:center">单价/元</td><td style="text-align:center">合价/元</td><td style="text-align:center">暂估单价/元</td><td style="text-align:center">暂估合价/元</td></tr>
<tr><td style="text-align:center">水</td><td>m³</td><td>0.728</td><td>4.45</td><td>3.24</td><td></td><td></td></tr>
<tr><td style="text-align:center">普通商品混凝土 碎石粒径 20 石 C20</td><td>m³</td><td>1.01</td><td>312.62</td><td>315.75</td><td></td><td></td></tr>
<tr><td style="text-align:center">其他材料费</td><td>元</td><td>2.908</td><td>1</td><td>2.91</td><td></td><td></td></tr>
<tr><td></td><td></td><td></td><td></td><td></td><td></td><td></td></tr>
<tr><td></td><td></td><td></td><td></td><td></td><td></td><td></td></tr>
<tr><td></td><td></td><td></td><td></td><td></td><td></td><td></td></tr>
<tr><td></td><td></td><td></td><td></td><td></td><td></td><td></td></tr>
<tr><td></td><td></td><td></td><td></td><td></td><td></td><td></td></tr>
<tr><td></td><td></td><td></td><td></td><td></td><td></td><td></td></tr>
<tr><td></td><td></td><td></td><td></td><td></td><td></td><td></td></tr>
<tr><td colspan="2" style="text-align:center">材料费小计</td><td>—</td><td></td><td>321.90</td><td>—</td><td></td></tr>
</table>

分部分项工程量综合单价分析表

工程名称：广州市某办公楼　　　　　　　　　　　　　　　第 7 页　　　共 11 页

项目编码	010505001001	项目名称		有梁板	计量单位	m³	工程量	90.43

清单综合单价组成明细										
定额编号	定额项目名称	定额单位	数量	单价/元				合价/元			
				人工费	材料费	机械费	管理费和利润	人工费	材料费	机械费	管理费和利润
A4-14	平板、有梁板、无梁板	10 m³	0.1	855.8	59.89	15.64	289.18	85.58	5.99	1.56	28.92
8021904	普通商品混凝土 碎石粒径 20 石 C25	m³	1.01		321.36				324.57		
人工单价			小计					85.58	330.56	1.56	28.92
综合工日 110 元/工日			未计价材料费								
清单项目综合单价								446.62			

材料费明细	主要材料名称、规格、型号	单位	数量	单价/元	合价/元	暂估单价/元	暂估合价/元
	水	m³	0.788	4.45	3.51		
	普通商品混凝土 碎石粒径 20 石 C25	m³	1.01	321.36	324.57		
	其他材料费	元	2.482	1	2.48		
	材料费小计			—	330.56	—	

分部分项工程量综合单价分析表

工程名称:广州市某办公楼   第 8 页   共 11 页

项目编码	010505001001	项目名称	雨篷、悬挑板、阳台板	计量单位	m³	工程量	2.16

清单综合单价组成明细

定额编号	定额项目名称	定额单位	数量	单价/元				合价/元			
				人工费	材料费	机械费	管理费和利润	人工费	材料费	机械费	管理费和利润
A4-26	阳台、雨蓬	10 m³	0.1	1514.7	95.41	21.79	509.9	151.47	9.54	2.18	50.99
8021904	普通商品混凝土 碎石粒径 20 石 C25	m³	1.01		321.36				324.57		
人工单价			小计					151.47	334.11	2.18	50.99
综合工日 110元/工日			未计价材料费								
清单项目综合单价								538.75			

	主要材料名称、规格、型号	单位	数量	单价/元	合价/元	暂估单价/元	暂估合价/元
材料费明细	水	m³	1.117	4.45	4.97		
	普通商品混凝土 碎石粒径 20 石 C25	m³	1.01	321.36	324.57		
	其他材料费	元	4.57	1	4.57		
	材料费小计			—	334.11	—	

分部分项工程量综合单价分析表

工程名称:广州市某办公楼 　　　　　　　　　　　　第 9 页　　共 11 页

项目编码	010506001001	项目名称	直形楼梯	计量单位	m³	工程量	5.65

<table>
<tr><td colspan="12" align="center">清单综合单价组成明细</td></tr>
<tr><td rowspan="2">定额编号</td><td rowspan="2">定额项目名称</td><td rowspan="2">定额单位</td><td rowspan="2">数量</td><td colspan="4">单价/元</td><td colspan="4">合价/元</td></tr>
<tr><td>人工费</td><td>材料费</td><td>机械费</td><td>管理费和利润</td><td>人工费</td><td>材料费</td><td>机械费</td><td>管理费和利润</td></tr>
<tr><td>A4-20</td><td>直形楼梯</td><td>10 m³</td><td>0.1</td><td>1426.7</td><td>48.38</td><td>20.36</td><td>480.23</td><td>142.67</td><td>4.84</td><td>2.04</td><td>48.02</td></tr>
<tr><td>8021904</td><td>普通商品混凝土 碎石粒径 20 石 C25</td><td>m³</td><td>1.01</td><td></td><td>321.36</td><td></td><td></td><td></td><td>324.57</td><td></td><td></td></tr>
<tr><td colspan="2">人工单价</td><td colspan="2" align="center">小计</td><td colspan="4"></td><td>142.67</td><td>329.41</td><td>2.04</td><td>48.02</td></tr>
<tr><td colspan="2">综合工日 110元/工日</td><td colspan="2" align="center">未计价材料费</td><td colspan="8"></td></tr>
<tr><td colspan="4" align="center">清单项目综合单价</td><td colspan="8" align="center">522.14</td></tr>
</table>

主要材料名称、规格、型号	单位	数量	单价/元	合价/元	暂估单价/元	暂估合价/元
水	m³	0.682	4.45	3.03		
普通商品混凝土 碎石粒径 20 石 C25	m³	1.01	321.36	324.57		
其他材料费	元	1.803	1	1.8		
材料费小计			—	329.4	—	

分部分项工程量综合单价分析表

工程名称:广州市某办公楼 　　　　　　　　　　　　　　　第 10 页　　　共 11 页

项目编码	010507001001	项目名称		散水、坡道	计量单位	m²	工程量	62.6

清单综合单价组成明细

定额编号	定额项目名称	定额单位	数量	单价/元				合价/元			
				人工费	材料费	机械费	管理费和利润	人工费	材料费	机械费	管理费和利润
A4-30	地沟、明沟、电缆沟、散水坡	10 m³	0.005	860.2	37.61	20.36	292.17	4.3	0.19	0.1	1.46
8021903	普通商品混凝土 碎石粒径 20 石 C20	m³	0.0505		312.62				15.79		
A4-74	3∶7 灰土	10 m³	0.015	1430	857.81		474.7	21.45	12.87		7.12
人工单价		小计						25.75	28.85	0.1	8.58
综合工日 110 元/工日		未计价材料费									
清单项目综合单价								63.28			

	主要材料名称、规格、型号	单位	数量	单价/元	合价/元	暂估单价/元	暂估合价/元
材料费明细	生石灰	t	0.0353	233.28	8.23		
	黏土	m³	0.1665	27.09	4.51		
	水	m³	0.0601	4.45	0.27		
	普通商品混凝土 碎石粒径 20 石 C20	m³	0.0505	312.62	15.79		
	其他材料费	元	0.0541	1	0.05		
	材料费小计			—	28.85	—	

分部分项工程量综合单价分析表

工程名称:广州市某办公楼　　　　　　　　　　　　　　　　第 11 页　　　共 11 页

项目编码	010507005001		项目名称	扶手、压顶	计量单位	m³	工程量	1.71

清单综合单价组成明细

定额编号	定额项目名称	定额单位	数量	单价/元				合价/元			
				人工费	材料费	机械费	管理费和利润	人工费	材料费	机械费	管理费和利润
A4-32	压顶、扶手	10 m³	0.1	1779.8	154.05		590.81	177.98	15.41		59.08
8021904	普通商品混凝土 碎石粒径 20 石 C25	m³	1.01		321.36				324.57		
人工单价		小计						177.98	339.98		59.08
综合工日 110 元/工日		未计价材料费									
清单项目综合单价								577.04			

	主要材料名称、规格、型号	单位	数量	单价/元	合价/元	暂估单价/元	暂估合价/元
材料费明细	水	m³	1.619	4.45	7.2		
	普通商品混凝土 碎石粒径 20 石 C25	m³	1.01	321.36	324.57		
	其他材料费	元	8.2	1	8.2		
	材料费小计			—	339.97	—	

项目 6a　门窗工程定额计价

定额工程量计算表

工程名称:广州市某办公楼　　　　　　　　　　　　第1页　　共1页

序号	定额编号	项目名称或轴线位置说明	工程量计算式	计量单位	工程量
1	MC1-51	标准全封钢门（M1 安装）	$(1.5-0.015\times2)\times(2.4-0.015)\times3$	100 m²	0.105
1.1	MC1-51	标准全封钢门（M1 制作）	制作工程量＝安装工程量	m²	10.52
2	MC1-17	无纱镶板门、胶合板门安装 无亮 单扇（M2 安装）	$(0.9-0.015\times2)\times(2.1-0.015)\times14$	100 m²	0.254
2.1	MC1-17	杉木胶合板门框扇 单扇（M2 制作）	制作工程量＝安装工程量	m²	25.4
3	MC1-97	铝合金平开门安装（M3 安装）	$(0.9-0.015\times2)\times(2.1-0.015)\times5$	100 m²	0.091
3.1	MC1-97	铝合金全玻双扇平开门46系列 无上亮（M3 制作）	制作工程量＝安装工程量	m²	9.07
4	MC1-99	推拉窗安装 不带亮（安装）		100 m²	0.844
		C1	$(1.8-0.015\times2)\times(1.8-0.015\times2)\times7$	m²	21.93
		C2	$(2.4-0.015\times2)\times(1.8-0.015\times2)\times12$	m²	50.34
		C3	$(0.9-0.015\times2)\times(1.8-0.015\times2)\times7$	m²	10.78
		C4	$(0.9-0.015\times2)\times(0.8-0.015\times2)\times2$	m²	1.34
		小计		m²	84.39
4.1	MC1-99	铝合金双扇推拉窗90系列 无上亮（制作）	制作工程量＝安装工程量	m²	84.39

定额分部分项工程预算表

工程名称:广州市某办公楼　　　　　　　　　　　　　　　　第 1 页　　共 1 页

序号	定额编号	子目名称及说明	计量单位	工程量	定额基价/元	合价/元
1	A12-229	标准全封钢门(M1 安装)	100 m²	0.105	1699.62	178.46
1.1	MC1-44	标准全封钢门(M1 制作)	m²	10.52	220	2314.40
2	A12-51	无纱镶板门、胶合板门安装 无亮 单扇(M2 安装)	100 m²	0.254	3457.04	878.09
2.1	MC1-16	杉木胶合板门框扇 单扇(M2 制作)	m²	25.4	180	4572
3	A12-258	铝合金平开门安装(M3 安装)	100 m²	0.091	9945.23	905.02
3.1	MC1-90	铝合金全玻双扇平开门46 系列 无上亮(M3 制作)	m²	9.07	310	2811.70
4	A12-259	推拉窗安装 不带亮(安装)	100 m²	0.844	7529.41	6354.82
4.1	MC1-92	铝合金双扇推拉窗 90 系列 无上亮(制作)	m²	84.39	210	17721.90
		分部小计				35736.39

项目 6b 门窗工程清单计价

清单工程量计算表

工程名称:广州市某办公楼　　　　　　　　　　　　　　　第1页　　　共1页

序号	清单编码	项目名称 或轴线位置说明	工程量计算式	计量 单位	工程 量
1	010801001001	木质门(M2)	0.9×2.1×14	m²	26.46
2	010802001001	金属(塑钢)门 (M3)	0.9×2.1×5	m²	9.45
3	010802003001	钢质防火门(M1)	1.5×2.4×3	m²	10.8
4	010807001001	金属(塑钢、断桥) 窗(C1)	1.8×1.8×7	m²	22.68
5	010807001002	金属(塑钢、断桥) 窗(C2)	2.4×1.8×12	m²	51.84
6	010807001003	金属(塑钢、断桥) 窗(C3)	0.9×1.8×7	m²	11.34
7	010807001004	金属(塑钢、断桥) 窗(C4)	0.9×0.8×2	m²	1.44

分部分项工程和单价措施项目清单与计价表

工程名称:广州市某办公楼　　　　　　　　　　　　　　　　　第1页　　共1页

序号	项目编码	项目名称	项目特征描述	计量单位	工程量	综合单价	合价	其中:暂估价
			0108 门窗工程					
1	010801001001	木质门	门代号及洞口尺寸:M2、900 mm×2100 mm	m²	26.46	425.28	11252.91	
2	010802001001	金属(塑钢)门	1.门代号及洞口尺寸:M3、900 mm×2100 mm 2.门框、扇材质:46系列双扇铝合金平开门	m²	9.45	363.01	3430.44	
3	010802003001	钢质防火门	1.门代号及洞口尺寸:M1、1500 mm×2400 mm 2.门框、扇材质:钢质防火门 双扇(甲级)	m²	10.8	217.15	2345.22	
4	010807001001	金属(塑钢、断桥)窗	1.窗代号及洞口尺寸:C1、1800 mm×1800 mm 2.框、扇材质:90系列铝合金推拉窗	m²	22.68	309.23	7024.68	
5	010807001002	金属(塑钢、断桥)窗	1.窗代号及洞口尺寸:C2、2400 mm×1800 mm 2.框、扇材质:90系列铝合金推拉窗	m²	51.84	311.06	16125.35	
6	010807001003	金属(塑钢、断桥)窗	1.窗代号及洞口尺寸:C3、900 mm×1800 mm 2.框、扇材质:90系列铝合金推拉窗	m²	11.34	304.50	3453.03	
7	010807001004	金属(塑钢、断桥)窗	1.窗代号及洞口尺寸:C1、900 mm×800 mm 2.框、扇材质:90系列铝合金推拉窗	m²	1.44	298.08	429.24	
			分部小计				44060.87	
			本页小计				44060.87	
			合　　计				44060.87	

分部分项工程量综合单价分析表

工程名称:广州市某办公楼　　　　　　　　　　　　　　　第1页　　共7页

项目编码	010801001001	项目名称		木质门		计量单位	m²	工程量	26.46

清单综合单价组成明细

定额编号	定额项目名称	定额单位	数量	单价/元				合价/元			
				人工费	材料费	机械费	管理费和利润	人工费	材料费	机械费	管理费和利润
A12-51	无纱镶板门、胶合板门安装 无亮 单扇	100 m²	0.0096	2386.89	1901.04	1.49	614.18	22.91	18.25	0.01	5.9
MC1-16	杉木胶合板门框扇单扇	m²	0.9599		394				378.22		
人工单价		小计						22.91	396.47	0.01	5.9
综合工日 110 元/工日		未计价材料费									
清单项目综合单价								425.29			

	主要材料名称、规格、型号	单位	数量	单价/元	合价/元	暂估单价/元	暂估合价/元
材料费明细	松杂板枋材	m³	0.0044	1152.75	5.07		
	杉木胶合板门框扇单扇	m²	0.9599	394	378.2		
	其他材料费	元	0.0213	1	0.02		
	防腐油	kg	0.2959	29.91	8.85		
	镶板、胶合板、半截、全玻璃不带纱木门扇小五金无亮(单扇)	100 m²	0.0096	329.59	3.16		
	其他材料费		—		1.13	—	
	材料费小计		—		396.43	—	

分部分项工程量综合单价分析表

工程名称:广州市某办公楼 　　　　　　　　　　　　　第 2 页　　共 7 页

项目编码	010802001001		项目名称		金属(塑钢)门	计量单位	m²	工程量	9.45
清单综合单价组成明细									

定额编号	定额项目名称	定额单位	数量	单价/元				合价/元			
				人工费	材料费	机械费	管理费和利润	人工费	材料费	机械费	管理费和利润
A12-258	铝合金平开门安装	100 m²	0.0096	3462.03	6971.61		891.42	33.23	66.91		8.56
MC1-90	铝合金全玻双扇平开门 46 系列 无上亮（无横框	m²	0.9598		264.96				254.31		
人工单价			小计					33.23	321.22		8.56
综合工日 110 元/工日			未计价材料费								
清单项目综合单价								363.01			

	主要材料名称、规格、型号	单位	数量	单价/元	合价/元	暂估单价/元	暂估合价/元
材料费明细	软填料	kg	0.2355	2.54	0.6		
	镀锌铁码	支	8.9577	0.34	3.05		
	门窗密封橡胶条	m	5.8205	0.71	4.13		
	平板玻璃 6	m²	0.9598	34.62	33.23		
	玻璃胶 335 克/支	支	0.5709	23.93	13.66		
	其他材料费	元	3.1193	1	3.12		
	膨胀螺栓 M5×50	10 个	1.8773	1.29	2.42		
	墙边胶	L	0.144	46.58	6.71		
	铝合金全玻双扇平开门 46 系列无上亮(无横框)	m²	0.9598	264.96	254.31		
	材料费小计			—	321.22	—	

分部分项工程量综合单价分析表

工程名称：广州市某办公楼   第3页   共7页

项目编码	010802003001	项目名称		钢质防火门	计量单位	m²	工程量	10.8

<table>
<tr><td colspan="13" align="center">清单综合单价组成明细</td></tr>
<tr><td rowspan="2">定额编号</td><td rowspan="2">定额项目名称</td><td rowspan="2">定额单位</td><td rowspan="2">数量</td><td colspan="4">单价/元</td><td colspan="4">合价/元</td></tr>
<tr><td>人工费</td><td>材料费</td><td>机械费</td><td>管理费和利润</td><td>人工费</td><td>材料费</td><td>机械费</td><td>管理费和利润</td></tr>
<tr><td>A12-229</td><td>标准全封钢门</td><td>100 m²</td><td>0.0097</td><td>2459.16</td><td>266.73</td><td>115.34</td><td>649.66</td><td>23.95</td><td>2.6</td><td>1.12</td><td>6.33</td></tr>
<tr><td>MC1-44</td><td>标准全封钢门</td><td>m²</td><td>0.9741</td><td></td><td>188.03</td><td></td><td></td><td></td><td>183.16</td><td></td><td></td></tr>
<tr><td>人工单价</td><td colspan="3" align="center">小计</td><td colspan="4"></td><td>23.95</td><td>185.76</td><td>1.12</td><td>6.33</td></tr>
<tr><td colspan="2">综合工日110元/工日</td><td colspan="3" align="center">未计价材料费</td><td colspan="8"></td></tr>
<tr><td colspan="5" align="center">清单项目综合单价</td><td colspan="8" align="center">217.16</td></tr>
</table>

<table>
<tr><td rowspan="5">材料费明细</td><td colspan="2">主要材料名称、规格、型号</td><td>单位</td><td>数量</td><td>单价/元</td><td>合价/元</td><td>暂估单价/元</td><td>暂估合价/元</td></tr>
<tr><td colspan="2">标准半封钢门</td><td>m²</td><td>0.9741</td><td>188.03</td><td>183.16</td><td></td><td></td></tr>
<tr><td colspan="2">铁件（综合）</td><td>kg</td><td>0.2894</td><td>5.5</td><td>1.59</td><td></td><td></td></tr>
<tr><td colspan="4" align="center">其他材料费</td><td>—</td><td>1</td><td>—</td><td></td></tr>
<tr><td colspan="4" align="center">材料费小计</td><td>—</td><td>185.75</td><td>—</td><td></td></tr>
</table>

分部分项工程量综合单价分析表

工程名称：广州市某办公楼　　　　　　　　　　　　　第 4 页　　　共 7 页

项目编码	010807001001		项目名称	金属(塑钢、断桥)窗	计量单位	m²	工程量	22.68

| | | | | 清单综合单价组成明细 | | | | | | |

定额编号	定额项目名称	定额单位	数量	单价/元				合价/元			
				人工费	材料费	机械费	管理费和利润	人工费	材料费	机械费	管理费和利润
A12-259	推拉窗安装 不带亮	100 m²	0.0097	2339.37	5208.51		602.36	22.62	50.36		5.82
MC1-92	铝合金双扇推拉窗90系列无上亮	m²	0.9669		238.82				230.92		
人工单价		小计						22.62	281.28		5.82
综合工日 110元/工日		未计价材料费									
清单项目综合单价								309.72			

	主要材料名称、规格、型号	单位	数量	单价/元	合价/元	暂估单价/元	暂估合价/元
材料费明细	不锈钢螺钉 M5×12	10个	0.886	2.22	1.97		
	木螺钉 M5×50	10个	1.772	0.26	0.46		
	镀锌铁码	支	8.4606	0.34	2.88		
	平板玻璃 5	m²	0.9669	26	25.14		
	铝合金双扇推拉窗90系列无上亮	m²	0.9669	238.82	230.92		
	软填料	kg	0.5079	2.54	1.29		
	玻璃胶 335克/支	支	0.4674	23.93	11.18		
	墙边胶	L	0.1479	46.58	6.89		
	密封毛条	m	5.858	0.09	0.53		
	其他材料费	元	0.0246	1	0.02		
	材料费小计			—	281.28	—	

分部分项工程量综合单价分析表

工程名称:广州市某办公楼　　　　　　　　　　　　第5页　　共7页

项目编码	010807001002	项目名称	金属(塑钢、断桥)窗	计量单位	m²	工程量	51.84

<table>
<tr><td colspan="12">清单综合单价组成明细</td></tr>
<tr><td rowspan="2">定额编号</td><td rowspan="2">定额项目名称</td><td rowspan="2">定额单位</td><td rowspan="2">数量</td><td colspan="4">单价/元</td><td colspan="4">合价/元</td></tr>
<tr><td>人工费</td><td>材料费</td><td>机械费</td><td>管理费和利润</td><td>人工费</td><td>材料费</td><td>机械费</td><td>管理费和利润</td></tr>
<tr><td>A12-259</td><td>推拉窗安装 不带亮</td><td>100 m²</td><td>0.0097</td><td>2339.37</td><td>5208.51</td><td></td><td>602.36</td><td>22.72</td><td>50.58</td><td></td><td>5.85</td></tr>
<tr><td>MC1-92</td><td>铝合金双扇推拉窗90系列无上亮</td><td>m²</td><td>0.9711</td><td></td><td>238.82</td><td></td><td></td><td></td><td>231.91</td><td></td><td></td></tr>
<tr><td colspan="2">人工单价</td><td colspan="6">小计</td><td>22.72</td><td>282.49</td><td></td><td>5.85</td></tr>
<tr><td colspan="2">综合工日110元/工日</td><td colspan="6">未计价材料费</td><td></td><td></td><td></td><td></td></tr>
<tr><td colspan="4">清单项目综合单价</td><td colspan="8">311.06</td></tr>
</table>

材料费明细	主要材料名称、规格、型号	单位	数量	单价/元	合价/元	暂估单价/元	暂估合价/元
	不锈钢螺钉 M5×12	10 个	0.8898	2.22	1.98		
	木螺钉 M5×50	10 个	1.7796	0.26	0.46		
	镀锌铁码	支	8.4968	0.34	2.89		
	平板玻璃 5	m²	0.9711	26	25.25		
	铝合金双扇推拉窗90系列无上亮	m²	0.9711	238.82	231.92		
	软填料	kg	0.5101	2.54	1.3		
	玻璃胶 335克/支	支	0.4694	23.93	11.23		
	墙边胶	L	0.1486	46.58	6.92		
	密封毛条	m	5.883	0.09	0.53		
	其他材料费	元	0.0247	1	0.02		
	材料费小计			—	282.5	—	

分部分项工程量综合单价分析表

工程名称：广州市某办公楼　　　　　　　　　　　　　　　　　　　第 6 页　　共 7 页

项目编码	010807001003		项目名称	金属(塑钢、断桥)窗	计量单位	m²	工程量	11.34

清单综合单价组成明细

定额编号	定额项目名称	定额单位	数量	单价/元				合价/元			
				人工费	材料费	机械费	管理费和利润	人工费	材料费	机械费	管理费和利润
A12-259	推拉窗安装 不带亮	100 m²	0.0095	2339.37	5208.51		602.36	22.24	49.51		5.73
MC1-92	铝合金双扇推拉窗90系列无上亮	m²	0.9506		238.82				227.02		
人工单价			小计					22.24	276.53		5.73
综合工日110元/工日			未计价材料费								
清单项目综合单价								304.50			

	主要材料名称、规格、型号	单位	数量	单价/元	合价/元	暂估单价/元	暂估合价/元
材料费明细	不锈钢螺钉 M5×12	10个	0.871	2.22	1.93		
	木螺钉 M5×50	10个	1.7421	0.26	0.45		
	镀锌铁码	支	8.3179	0.34	2.83		
	平板玻璃 5	m²	0.9506	26	24.72		
	铝合金双扇推拉窗90系列无上亮	m²	0.9506	238.82	227.02		
	软填料	kg	0.4994	2.54	1.27		
	玻璃胶 335克/支	支	0.4595	23.93	11		
	墙边胶	L	0.1454	46.58	6.77		
	密封毛条	m	5.7591	0.09	0.52		
	其他材料费	元	0.0241	1	0.02		
	材料费小计			—	276.53	—	

分部分项工程量综合单价分析表

工程名称:广州市某办公楼　　　　　　　　　　　　　　　第 7 页　　共 7 页

项目编码	010807001004		项目名称		金属(塑钢、断桥)窗		计量单位	m²	工程量	1.44

清单综合单价组成明细

定额编号	定额项目名称	定额单位	数量	单价/元				合价/元			
				人工费	材料费	机械费	管理费和利润	人工费	材料费	机械费	管理费和利润
A12-259	推拉窗安装 不带亮	100 m²	0.0093	2339.37	5208.51		602.36	21.77	48.47		5.61
MC1-92	铝合金双扇推拉窗90 系列无上亮	m²	0.9306		238.82				222.24		
人工单价			小计					21.77	270.71		5.61
综合工日 110 元/工日			未计价材料费								
清单项目综合单价								298.08			

	主要材料名称、规格、型号	单位	数量	单价/元	合价/元	暂估单价/元	暂估合价/元
材料费明细	不锈钢螺钉 M5×12	10 个	0.8526	2.22	1.89		
	木螺钉 M5×50	10 个	1.7053	0.26	0.44		
	镀锌铁码	支	8.1424	0.34	2.77		
	平板玻璃 5	m²	0.9306	26	24.2		
	铝合金双扇推拉窗 90 系列无上亮	m²	0.9306	238.82	222.25		
	软填料	kg	0.4888	2.54	1.24		
	玻璃胶 335 克/支	支	0.4499	23.93	10.77		
	墙边胶	L	0.1424	46.58	6.63		
	密封毛条	m	5.6376	0.09	0.51		
	其他材料费	元	0.0236	1	0.02		
	材料费小计			—	270.72	—	

项目 7a　屋面及防水工程、保温隔热工程定额计价

定额工程量计算表

工程名称:广州市某办公楼　　　　　　　　　　　　　　　　第 1 页　　共 1 页

序号	定额编号	项目名称或轴线位置说明	工程量计算式	计量单位	工程量
1	A1-12-1	楼地面 1:2.5 水泥砂浆找平层 20 mm 厚	$(3.8+5.2-0.12\times2)\times(12.00+1.5-0.12\times2)+6.8\times(12-0.12\times2)+((12+1.5+15.8)\times2-0.12\times8)\times0.25$	100 m²	2.105
2	A1-10-53	2 mm 厚 APP 改性沥青防水卷材	210.54	100 m²	2.105
3	借 D1-3-32	土工布	210.54	1000 m²	0.211
4	A1-11-137	天面隔热砖砌块膨胀珍珠岩 300×300×65	$(12-0.3\times2-0.12\times2)\times(15.8-0.3\times2-0.12\times2)$	100 m²	1.670
4	A1-10-80	35 厚(最薄处)C20 细石混凝土防水找坡层	$(12-0.3\times2-0.12\times2)\times(15.8-0.3\times2-0.12\times2)$	100 m²	1.670
5	A1-12-1 换	楼地面 1:2.5 水泥砂浆找平层 25 mm 厚	$210.54+(12-0.12\times2-0.3\times2+15.8-0.12\times2-0.3\times2)\times0.105$	100 m²	2.133
6	A1-10-84	屋面刚性防水层填分格缝	$(15.8-0.12\times2-0.3\times2)\times2+(12-0.12\times2-0.3\times2)\times3$	100 m	0.634
7	A1-5-101	现浇构件圆钢 D4@150 双向		t	0.224
		横向钢筋的根数	$(15.8-0.12\times2-0.3\times2-0.05\times2)\div0.15+1$	根	100
		纵向钢筋的根数	$(12-0.12\times2-0.3\times2-0.05\times2)\div0.15+1$	根	75
		横向、纵向钢筋的质量	$((12-0.12\times2-0.3\times2-0.015\times2)+8\times6.25\times0.004)\times100+((15.8-0.12\times2-0.3\times2-0.015\times2)+8\times6.25\times0.004)\times75$	kg	224

定额分部分项工程预算表

工程名称:广州市某办公楼　　　　　　　　　　　　　　　　　　　第 1 页　　共 1 页

序号	定额编号	子目名称及说明	计量单位	工程量	定额基价/元	合价/元
1	A9—1	楼地面水泥砂浆找平层 混凝土或硬基层上 20 mm	100 m²	2.105	359.06	755.82
2	8001651	水泥砂浆 1∶2.5	m³	4.2521	231.38	983.85
3	A7—57	屋面改性沥青防水卷材 满铺 1.2 mm 厚	100 m²	2.105	3684.47	7755.81
4	A1—221	铺设土工布 一般软土	1000 m²	0.211	12600.39	2658.68
5	A8—180	天面隔热砌块 膨胀珍珠岩 300×300×65	100 m²	1.67	2502.1	4178.51
6	8001606	水泥石灰砂浆 M5	m³	0.8517	169.84	144.65
7	8001646	水泥砂浆 1∶2	m³	0.3507	251.95	88.36
8	A7—106	细石混凝土刚性防水 厚 3.5 cm	100 m²	1.67	872.66	1457.34
9	8001641	水泥砂浆 1∶1	m³	0.8517	324.65	276.5
10	8021903	普通商品混凝土 碎石粒径 20 石 C20	m³	5.9619	240	1430.86
11	A9—1+A9—3	楼地面水泥砂浆找平层 混凝土或硬基层上 20 mm 实际厚度 25 mm	100 m²	2.133	418.59	892.85
12	8001651	水泥砂浆 1∶2.5	m³	5.3965	231.38	1248.64
13	A7—110	屋面刚性防水层填分格缝 细石混凝土面 3.5 cm 厚	100 m	0.634	442.1	280.29
14	8001646	水泥砂浆 1∶2	m³	0.019	251.95	4.79
15	A4—174	现浇构件圆钢 φ4 内	t	0.224	5535.99	1240.06
		分部小计				23397.01

项目 7b 屋面及防水工程、保温隔热工程清单计价

清单工程量计算表

工程名称:广州市某办公楼　　　　　　　　　　　　　　　　　　第 1 页　　共 1 页

序号	清单编码	项目名称 或轴线位置说明	工程量计算式	计量 单位	工程 量
1	011101006001	平面砂浆找平层 (20 mm 厚)	$(3.8+5.2-0.12\times2)\times(12.00+1.5-0.12\times2)+6.8\times(12-0.12\times2)+((12+1.5+15.8)\times2-0.12\times8)\times0.25$	m²	210.54
2	010902001001	屋面卷材防水	210.54	m²	210.54
3	011001001001	保温隔热屋面	$(12-0.3\times2-0.12\times2)\times(15.8-0.3\times2-0.12\times2)$	m²	166.95
4	011101006001	平面砂浆找平层 (25 mm 厚)	$210.54+(12-0.12\times2-0.3\times2+15.8-0.12\times2-0.3\times2)\times0.105$	m²	213.30
5	010515001001	现浇构件钢筋 D4		t	0.224
		横向钢筋的根数	$(15.8-0.12\times2-0.3\times2-0.05\times2)\div0.15+1$	根	100
		纵向钢筋的根数	$(12-0.12\times2-0.3\times2-0.05\times2)\div0.15+1$	根	75
		横向、纵向钢筋 的质量	$((12-0.12\times2-0.3\times2-0.015\times2)+8\times6.25\times0.004)\times100+((15.8-0.12\times2-0.3\times2-0.015\times2)+8\times6.25\times0.004)\times75$	kg	224

分部分项工程和单价措施项目清单与计价表

工程名称:广州市某办公楼   第 1 页   共 1 页

序号	项目编码	项目名称	项目特征描述	计量单位	工程量	金 额/元		
						综合单价	合价	其中:暂估价
			0111 屋面防水及保温工程					
1	011101006001	平面砂浆找平层	找平层厚度、砂浆配合比1:2.5 水泥砂浆找平层 20 mm厚	m²	210.54	13.89	2924.40	
2	011101006002	平面砂浆找平层	找平层厚度、砂浆配合比1:2.5 水泥砂浆找平层 25 mm厚	m²	213.3	16.65	3551.45	
3	010902001001	屋面卷材防水	1.卷材品种、规格、厚度:APP 改性沥青防水卷材 2 mm厚 2.防水层数:单层	m²	210.54	39.88	8396.34	
4	010902003001	屋面刚性层	1.刚性层厚度:3.5 cm 2.混凝土种类:细石混凝土 3.混凝土强度等级:C20 4.嵌缝材料种类:石油沥青 5.钢筋规格、型号:D4 @ 150 双向布置	m²	213.3	32.96	7030.37	
5	011001001001	保温隔热屋面	1.保温隔热材料品种、规格、厚度:M5.0 水泥石灰砂浆铺 300×300×65 膨胀珍珠岩隔热砖,1:2 水泥砂浆填缝 2.基层防护材料种类、做法:土工布单层干铺在防水卷材上	m²	167	38.04	6352.68	
6	010902008001	屋面变形缝	1.嵌缝材料种类:石油沥青嵌缝 2.防护材料种类:1:2 水泥砂浆	m	63.4	7.48	474.23	
7	010515001001	现浇构件钢筋	钢筋种类、规格:D4 圆钢	t	0.224	4890.06	1095.37	
			分部小计				29824.84	
			本页小计				29824.84	
			合 计				29824.84	

分部分项工程量综合单价分析表

工程名称:广州市某办公楼 第 1 页　共 7 页

项目编码	011101006001		项目名称	平面砂浆找平层	计量单位	m²	工程量	210.54

清单综合单价组成明细

定额编号	定额项目名称	定额单位	数量	单价/元				合价/元			
				人工费	材料费	机械费	管理费和利润	人工费	材料费	机械费	管理费和利润
A9-1	楼地面水泥砂浆找平层 混凝土或硬基层上 20 mm	100 m²	0.01	588.39	40.44		161.05	5.88	0.4		1.61
8001651	水泥砂浆1：2.5	m³	0.02	33	251.64	9.57	5.94	0.66	5.03	0.19	0.12
人工单价		小计						6.54	5.43	0.19	1.73
综合工日 110 元/工日		未计价材料费									
清单项目综合单价								13.89			

	主要材料名称、规格、型号	单位	数量	单价/元	合价/元	暂估单价/元	暂估合价/元
材料费明细	复合普通硅酸盐水泥 P.C 32.5	t	0.0099	329.76	3.27		
	中砂	m³	0.0231	83.56	1.93		
	其他材料费	元	0.1607	1	0.16		
	其他材料费			—	0.07	—	
	材料费小计			—	5.43	—	

分部分项工程量综合单价分析表

工程名称:广州市某办公楼　　　　　　　　　　　　　　　　第 2 页　　共 7 页

项目编码	011101006002	项目名称		平面砂浆找平层	计量单位	m²	工程量	213.3

清单综合单价组成明细

定额编号	定额项目名称	定额单位	数量	单价/元				合价/元			
				人工费	材料费	机械费	管理费和利润	人工费	材料费	机械费	管理费和利润
A9－1＋A9－3	楼地面水泥砂浆找平层 混凝土或硬基层上20 mm 实际厚度(mm):25	100 m²	0.01	690.03	43.08		188.87	6.9	0.43		1.89
8001651	水泥砂浆1∶2.5	m³	0.0253	33	237.06	17.66	5.94	0.83	6	0.45	0.15
人工单价			小计					7.73	6.43	0.45	2.04
综合工日 110元/工日			未计价材料费								
清单项目综合单价								16.65			

主要材料名称、规格、型号	单位	数量	单价/元	合价/元	暂估单价/元	暂估合价/元
复合普通硅酸盐水泥 P.C 32.5	t	0.0124	306.22	3.80		
中砂	m³	0.0292	80.44	2.35		
水	m³	0.0176	4.58	0.08		
其他材料费	元	0.2013	1	0.2		
材料费小计			—	6.43	—	

分部分项工程量综合单价分析表

工程名称：广州市某办公楼   第 3 页　　共 7 页

项目编码	010902001001		项目名称	屋面卷材防水	计量单位	m²	工程量	210.54

清单综合单价组成明细								

定额编号	定额项目名称	定额单位	数量	单价/元				合价/元			
				人工费	材料费	机械费	管理费和利润	人工费	材料费	机械费	管理费和利润
A7-57	屋面改性沥青防水卷材 满铺 1.2 mm 厚	100 m²	0.01	584.1	3253.56		149.78	5.84	32.54		1.5
人工单价			小计					5.84	32.54		1.5
综合工日 110 元/工日			未计价材料费								
清单项目综合单价								39.88			

	主要材料名称、规格、型号	单位	数量	单价/元	合价/元	暂估单价/元	暂估合价/元
材料费明细	聚氨酯甲料	kg	0.0832	10.34	0.86		
	聚氨酯乙料	kg	0.1248	10.34	1.29		
	改性沥青卷材	m²	1.115	25.19	28.09		
	液化石油气	kg	0.24	2.59	0.62		
	改性沥青黏结剂	kg	0.5575	1.92	1.07		
	改性沥青乳胶	kg	0.3	2.02	0.61		
	材料费小计			—	32.54	—	

分部分项工程量综合单价分析表

工程名称:广州市某办公楼　　　　　　　　　　　　　　　第 4 页　　共 7 页

项目编码	010902003001		项目名称		屋面刚性层	计量单位	m²	工程量	213.3

清单综合单价组成明细											
定额编号	定额项目名称	定额单位	数量	单价/元				合价/元			
				人工费	材料费	机械费	管理费和利润	人工费	材料费	机械费	管理费和利润
A7-106	细石混凝土刚性防水厚 3.5 cm	100 m²	0.01	1347.06	163.87		345.42	13.47	1.64		3.45
8001641	水泥砂浆1∶1	m³	0.0051	33	315.94	17.66	5.94	0.17	1.61	0.09	0.03
8021903	普通商品混凝土 碎石粒径 20 石 C20	m³	0.0357		322				11.5		
人工单价			小计					13.64	14.75	0.09	3.48
综合工日 110 元/工日			未计价材料费								
清单项目综合单价								32.96			

材料费明细	主要材料名称、规格、型号	单位	数量	单价/元	合价/元	暂估单价/元	暂估合价/元
	复合普通硅酸盐水泥 P.C 32.5	t	0.0056	306.22	1.7		
	中砂	m³	0.0041	80.44	0.33		
	松杂板枋材	m³	0.0006	1153.04	0.69		
	水	m³	0.0982	4.58	0.45		
	普通商品混凝土 碎石粒径 20 石 C20	m³	0.0357	322	11.5		
	其他材料费	元	0.0753	1	0.08		
	材料费小计			—	14.75	—	

分部分项工程量综合单价分析表

工程名称:广州市某办公楼 　　　　　　　　　　　　　　　　　　第 5 页　　共 7 页

项目编码	011001001001			项目名称		保温隔热屋面	计量单位	m²	工程量	167
清单综合单价组成明细										
定额编号	定额项目名称	定额单位	数量	单价/元				合价/元			
				人工费	材料费	机械费	管理费和利润	人工费	材料费	机械费	管理费和利润
A1-221	铺设土工布 一般软土	1000 m²	0.001	5654.88	8192.87		1481.15	5.65	8.19		1.48
A8-180	天面隔热砌块 膨胀珍珠岩 300×300×65	100 m²	0.01	1496.77	203.34		383.82	14.97	2.03		3.84
8001606	水泥石灰砂浆 M5	m³	0.0051	36.3	179.85	17.66	6.53	0.19	0.92	0.09	0.03
8001646	水泥砂浆 1:2	m³	0.0021	33	254.45	17.66	5.94	0.07	0.53	0.04	0.01
人工单价		小计						20.88	11.67	0.13	5.36
综合工日 110 元/工日		未计价材料费									
清单项目综合单价								38.04			

材料费明细	主要材料名称、规格、型号	单位	数量	单价/元	合价/元	暂估单价/元	暂估合价/元
	复合普通硅酸盐水泥 P.C 32.5	t	0.0022	306.22	0.67		
	中砂	m³	0.0084	80.44	0.67		
	生石灰	t	0.0004	240.28	0.09		
	膨胀珍珠岩砌块 300×300×65	千块	0.0106	152.94	1.62		
	土工布	m²	1.0818	7.49	8.1		
	水	m³	0.0204	4.58	0.09		
	其他材料费	元	0.3894	1	0.39		
	其他材料费			—	0.03	—	
	材料费小计			—	11.66	—	

分部分项工程量综合单价分析表

工程名称:广州市某办公楼　　　　　　　　　　　　　　　第 6 页　　　共 7 页

项目编码	010902008001		项目名称	屋面变形缝	计量单位	m	工程量	63.4

清单综合单价组成明细

定额编号	定额项目名称	定额单位	数量	单价/元				合价/元			
				人工费	材料费	机械费	管理费和利润	人工费	材料费	机械费	管理费和利润
A7-110	屋面刚性防水层填分格缝细石混凝土面3.5 cm厚	100 m	0.01	464.42	154.59		119.09	4.64	1.55		1.19
8001646	水泥砂浆1:2	m³	0.0003	33	254.45	17.66	5.94	0.01	0.08	0.01	

人工单价		小计			4.65	1.63	0.01	1.19
综合工日 110 元/工日		未计价材料费						
清单项目综合单价						7.48		

主要材料名称、规格、型号	单位	数量	单价/元	合价/元	暂估单价/元	暂估合价/元
复合普通硅酸盐水泥 P.C 32.5	t	0.0002	306.22	0.05		
中砂	m³	0.0003	80.44	0.03		
滑石粉	kg	0.2881	0.85	0.24		
石油沥青 10#	kg	0.4365	1.66	0.72		
汽油（综合）	kg	0.0353	5.82	0.21		
水	m³	0.0002	4.58			
其他材料费	元	0.0144	1	0.01		
其他材料费			—	0.36	—	
材料费小计			—	1.62	—	

(材料费明细)

分部分项工程量综合单价分析表

工程名称：广州市某办公楼   第7页   共7页

项目编码	010515001001	项目名称	现浇构件钢筋	计量单位	t	工程量	0.224

清单综合单价组成明细										
定额编号	定额项目名称	定额单位	数量	单价/元				合价/元			
				人工费	材料费	机械费	管理费和利润	人工费	材料费	机械费	管理费和利润
A4-174	现浇构件圆钢 φ4 内	t	1	1812.03	2423.7	40.82	613.51	1812.03	2423.7	40.82	613.51
人工单价		小计					1812.03	2423.7	40.82	613.51
综合工日 110元/工日		未计价材料费							
清单项目综合单价						4890.06				

	主要材料名称、规格、型号	单位	数量	单价/元	合价/元	暂估单价/元	暂估合价/元
材料费明细	镀锌低碳钢丝 φ0.7~1.2	kg	9.5902	5.21	49.96		
	冷拉圆钢 φ4	t	1.0201	2315.8	2362.35		
	其他材料费	元	11.6201	1	11.62		
	材料费小计			—	2423.93	—	

项目 8a 模板及其他措施项目定额计价

定额工程量计算表

工程名称:广州市某办公楼   第 1 页   共 5 页

序号	定额编号	项目名称 或轴线位置说明	工程量计算式	计量 单位	工程 量
1	A1-20-12	基础垫层模板	7.98＋16.71	100 m²	0.247
1.1		桩承台垫层模板		m²	7.98
		①×④－Ⓐ×Ⓔ	(1.75＋0.1×2＋0.7＋0.1×2)×2×0.1×14	m²	7.98
1.2		基础梁垫层模板		m²	16.71
		JKL1	(3.8＋2.8＋2.4－(0.7/2＋0.4/2)×2－0.7 ×2)×0.1×2	m²	1.3
		JKL2	(6.8－(0.7/2＋0.5/2)＋0.1)×0.1×2＋ (0.3＋0.2)×0.1	m²	1.31
		JKL3 ③×Ⓐ－Ⓓ	(3.8＋2.8＋2.4－(0.7/2＋0.4/2)×2－0.7 ×2)×0.1×2	m²	1.3
		JKL3 ③×Ⓓ－Ⓔ	(6.8－(0.7/2＋0.5/2)－0.15)×0.1×2	m²	1.21
		JKL4 ④×Ⓐ－Ⓓ	(3.8＋2.8＋2.4－(0.7/2＋0.4/2)×2－ 0.7)×0.1×2	m²	1.44
		JKL4 ④×Ⓓ－Ⓔ	(6.8－(0.7/2＋0.5/2)－0.15)×0.1×2	m²	1.21
		JKL5	(6＋6－(1.75/2＋0.5/2)×2－1.75)×0.1×2	m²	1.6
		JKL6	(6＋6－(1.75/2＋0.5/2)×2－1.75)×0.1×2	m²	1.6
		JKL7	(6－(1.75/2＋0.4/2)－1.75/2)×0.1×2	m²	0.81
		JKL8	(6＋6－(1.75/2＋0.5/2)×2－1.75)×0.1×2	m²	1.6
		JKL9	(4.5＋6－(1.75/2＋0.4/2)×2－1.75)× 0.1×2	m²	1.32
		L1	(2.1－0.25/2－0.18/2－0.1)×0.1×2	m²	0.36
		L2	(3.8＋2.8＋2.4－0.25×3)×0.1×2	m²	1.65
		小计		m²	16.71
2	A1-20-13	桩承台模板	(1.75＋0.7)×2×1×14	100 m²	0.686
3	A1-20-32	基础梁模板		100 m²	1.059
		JKL1	(3.8＋2.8＋2.4－0.4×3－0.35)×0.5×2 －(0.7－0.4)×0.15×2－(0.7－0.35)× 0.15×2－(0.7/2－0.4/2)×0.15×2×2	m²	7.17
		JKL2	(6.8－0.5)×0.7×2－(0.7/2－0.5/2)× 0.35×2	m²	8.75

定额工程量计算表

工程名称:广州市某办公楼　　　　　　　　　　　　　第2页　　共5页

序号	定额编号	项目名称或轴线位置说明	工程量计算式	计量单位	工程量
		JKL3 ③×Ⓐ－Ⓓ	$(3.8+2.8+2.4-0.4×3-0.35)×0.5×2-(0.7/2-0.4/2)×0.15×2×2-(0.7-0.4)×0.15×2-(0.7-0.35)×0.15×2-0.18×0.4$	m²	7.09
		JKL3 ③×Ⓓ－Ⓔ	$(6.8-0.5)×0.7×2-(0.7/2-0.5/2)×0.35×2$	m²	8.75
		JKL4 ④×Ⓐ－Ⓓ	$(3.8+2.8+2.4-0.4×3)×0.5×2-(0.7/2-0.4/2)×0.15×2×2-(0.7-0.4)×0.15×2$	m²	7.62
		JKL4 ④×Ⓓ－Ⓔ	$(6.8-0.5)×0.7×2-(0.7/2-0.5/2)×0.35×2$	m²	8.75
		JKL5	$(12-0.5×3)×0.6×2-(1.75/2-0.5/2)×0.25×2×2-(1.75-0.5)×0.25×2$	m²	11.35
		JKL6	$(12-0.5×3)×0.6×2-(1.75/2-0.5/2)×0.25×2×2-(1.75-0.5)×0.25×2$	m²	11.35
		JKL7	$(6-0.4-0.4/2)×0.6×2-(1.75/2-0.4/2)×0.25×2×2$	m²	5.81
		JKL8	$(12-0.5×3)×0.6×2-(1.75/2-0.5/2)×0.25×2×2-(1.75-0.5)×0.25×2$	m²	11.35
		JKL9	$(4.5+6-0.4×3)×0.6×2-(1.75/2-0.4/2)×0.25×2×2-(1.75-0.4)×0.25×2$	m²	9.81
		L1	$(2.1-0.25/2-0.18/2)×0.4×2$	m²	1.51
		L2	$(3.8+2.8+2.4-0.25×3)×0.4×2$	m²	6.6
		小计		m²	105.91
4	A20-15＋2×A20-19	首层柱模板、支模高度5.3 m		100 m²	1.284
		KZ1	$(0.4+0.5)×2×(5.3-0.1)×6$	m²	56.16
		KZ2	$(0.4+0.35)×2×(5.3-0.1)×2$	m²	15.6
		KZ3	$(0.5+0.4)×2×(5.3-0.1)$	m²	9.36
		KZ1a	$(0.4+0.5)×2×(5.3-0.1)×5$	m²	46.8
		增加部分（柱与板边）	$(0.4×6+0.5×4)×0.1$	m²	0.44
		小计		m²	128.36
5	A20-14＋2×A20-19	构造柱模板	$(0.18+0.18-0.12+0.2+0.1×4)×(4.8+0.15-0.5)$	m²	3.74
6	A20-15	矩形柱模板(二、三层)($h=3.6$ m)		100 m²	1.731

定额工程量计算表

工程名称:广州市某办公楼　　　　　　　　　　　　　　　第 3 页　　共 5 页

序号	定额编号	项目名称 或轴线位置说明	工程量计算式	计量 单位	工程 量
		KZ1	$(0.4+0.5)\times2\times(3.6-0.1)\times6\times2$	m²	75.6
		KZ2	$(0.4+0.35)\times2\times(3.6-0.1)\times2\times2$	m²	21
		KZ3	$(0.5+0.4)\times2\times(3.6-0.1)\times2$	m²	12.6
		KZ1a	$(0.4+0.5)\times2\times(3.6-0.1)\times5\times2$	m²	63
		增加部分 (柱与板边)	$(0.4\times6+0.5\times4)\times0.1\times2$	m²	0.88
		小计		m²	173.08
7	A1-20-33 +2×A20-40	首层梁模板、支 模高度5.3 m		100 m²	1.312
		KL1 ①×Ⓐ-Ⓓ	$(3.8+2.8+2.4-0.4\times3-0.35)\times(0.4\times2+0.25)-0.18\times0.3$	m²	7.77
		KL1 ①×Ⓓ-Ⓔ	$6.8\times(0.5+0.25)+(6.8-0.25)\times0.4$	m²	7.72
		KL2	$(15.8-2.8-0.5-0.4\times2-0.4/2-0.35/2)\times(0.25+0.4\times2)$	m²	11.89
		KL3	$(15.8-0.5-0.4\times3)\times(0.25+0.4)+(15.8-0.5-0.4\times3)\times0.5$	m²	16.21
		KL4	$(12-0.5\times3)\times(0.25+0.4+0.5)+1.5\times(0.25+0.3+0.4)$	m²	13.5
		KL5	$(12-0.5\times3)\times(0.25+0.4\times2)$	m²	11.03
		KL6	$(1.5+4.5-0.4/2-0.4)\times(0.25+0.4\times2)+(1.5-0.18)\times(0.25+0.3\times2)$	m²	6.79
		KL7	$(12-0.5\times3)\times(0.25+0.4\times2)+1.5\times(0.25+0.3+0.4)$	m²	12.45
		KL8	$(12-0.25-0.4\times3)\times(0.25+0.4+0.5)+0.25\times0.5$	m²	12.26
		L1	$(1.6+2.4+0.25/2+0.18/2-0.25\times2)\times(0.18+0.3)+(1.6+2.4+0.25/2+0.18/2)\times0.4$	m²	3.47
		L2	$(3.8+2.8+2.4-0.25\times3)\times(0.18+0.3\times2)$	m²	6.44
		L3	$(1.5-0.18)\times(0.18+0.3\times2)$	m²	1.03
		L4	$(2.1-0.25/2-0.18/2)\times(0.18+0.3\times2)$	m²	1.47
		L5	$(6.8-0.25-0.2)\times(0.2+0.3\times2)\times2$	m²	10.16
		L6	$(12-0.25\times3)\times(0.2+0.3\times2)$	m²	9

定额工程量计算表

工程名称:广州市某办公楼 　　　　　　　　　　　　　　　第 4 页　　共 5 页

序号	定额编号	项目名称或轴线位置说明	工程量计算式	计量单位	工程量
		小计		m²	131.19
8	A1-20-75＋2×A1-20-79	首层板模板、支模高度 5.3 m		100 m²	1.479
		①－③×Ⓐ－Ⓑ	6×3.8－(0.2×0.5＋0.4×0.5/4＋0.4×0.5＋0.25×0.4)－(6－0.5－0.25)×(0.25＋0.125)－(3.8－0.4－0.2)×(0.25＋0.125)	m²	19.18
		①－③×Ⓒ－Ⓓ	6×2.4－(0.4×0.5＋0.4×0.25＋0.4×0.35/2＋0.4×0.35 /4)－(6－0.5－0.25)×0.25－(6－0.4－0.2)×0.125－(2.4－0.4－0.35/2)×(0.25＋0.125)	m²	11.32
		③－④×Ⓐ－Ⓓ	6×9－(0.4×0.5×3＋0.4×0.5×2/2＋0.2×0.35＋0.4×0.5 /2)－(6－0.5－0.25)×(0.25×3)－(9－0.4×3－0.35)×0.125－(9－0.4×3)×0.25－(9－0.25×3)×0.18－(2.1－0.25/2－0.18/2)×0.18	m²	44.39
		①－④×Ⓓ－Ⓔ	12×6.8－(0.4×0.5×3)－(12－0.4×3)×0.25－(12－0.25×3)×0.2－(6.8－0.25)×0.25－(6.8－0.5)×0.25×2－(6.8－0.25－0.2)×0.2×2	m²	68.72
		①'－①×Ⓐ－①/Ⓐ	(1.5－0.18)×(1.6－0.25－0.18/2)	m²	1.66
		①'－①×Ⓒ－Ⓓ	(1.5－0.18)×(2.4－0.25－0.25/2)	m²	2.67
		小计		m²	147.94
9	A1-20-94	二层阳台模板、支模高度 5.3 m	1.5×(2.2＋2.8－0.18/2－0.25/2)	100 m²	0.072
10	A1-20-94	三层阳台模板	1.5×(2.2＋2.8－0.18/2－0.25/2)	100 m²	0.072
11	A1-20-33	二、天面层梁模板		100 m²	2.703
		③×Ⓑ－Ⓒ	(2.8－0.4/2－0.35/2)×(0.25＋0.4×2)	m²	2.55
		①'－①×①/Ⓐ－Ⓒ	(2.2＋2.8－0.25/2－0.18/2)×(0.18＋0.3＋0.4)＋(1.5－0.18)×(0.25＋0.3×2)	m²	5.33
		小计	131.19＋131.19＋2.55＋5.33	m²	270.26
12	A1-20-75	二、天面层板模板		100 m²	3.162
		①－③×Ⓑ－Ⓒ	(1.5＋4.5)×2.8－(0.4×0.5/2＋0.4×0.5/4＋0.35×0.4/2＋0.35×0.4/4)－(1.5＋4.5－0.5－0.25)×0.125－(1.5＋4.5－0.4－0.2)×0.125－(2.8－0.2－0.35/2)×(0.25＋0.125)	m²	14.3
		小计	147.94×2＋5.99＋14.3	m²	316.17

定额工程量计算表

序号	定额编号	项目名称 或轴线位置说明	工程量计算式	计量 单位	工程 量
13	A1-20-102	小型构件模板	40.87＋3.18	100 m²	0.441
13.1		过梁模板		m²	40.87
		C1	(0.15×(1.8+0.25×2)×2+0.18×1.8)×7	m²	7.1
		C2	(0.18×(2.4+0.37×2)×2+0.18×2.4)×12	m²	18.75
		C3	(0.12×(0.9+0.25×2)×2+0.18×0.9)×7	m²	3.49
		M1	(0.12×(1.5+0.25×2)×2+0.18×1.5)+(0.12×(1.5+0.25×2)×2+0.12×1.5)×2	m²	2.07
		M2	(0.12×(0.9+0.25×2)×2+0.18×0.9)×3+(0.12×(0.9+0.25×2)×2+0.18×0.9)×7.5	m²	6.97
		M3	(0.12×(0.9+0.25×2)×2+0.18×0.9)×2+(0.12×(0.9+0.25×2)×2+0.18×0.9)×3	m²	2.49
		小计		m²	40.87
13.2		散水模板	(12+1×2+15.8+1×2)×2×0.05	m²	3.18
14	A1-20-98	压顶模板	(12+1.5+15.8)×2+(2.2+2.8-0.18/2×2)×2	100 m	0.682
15	A1-20-92	楼梯模板		100 m²	0.312
		首层楼梯	(1.955+3.92-0.18+0.25)×(2.8-0.18)	m²	15.58
		二层楼梯	(1.955+3.92-0.18+0.25)×(2.8-0.18)	m²	15.58
		小计		m²	31.16
16	A1-21-2	垂直运输	S＝建筑面积	100 m²	5.784

定额分部分项工程预算表

工程名称:广州市某办公楼   第 1 页   共 2 页

序号	定额编号	子目名称及说明	计量单位	工程量	定额基价/元	合价/元
1	A21-12	基础垫层模板	100 m²	0.247	2096.21	517.76
2	A21-13	桩承台模板	100 m²	0.686	2844.39	1951.25
3	A21-24	基础梁模板	100 m²	1.059	3495.70	3701.95
4	A21-15＋2×A21-19	首层矩形柱模板、支模高度 5.3 m	100 m²	1.284	3506.96	4502.94
5	A21-14＋A21-19×2	构造柱模块、支模高度 4.8 m	100 m²	0.037	3710.04	137.27
6	A21-15	二、三层矩形柱模板(3.6 m)	100 m²	1.731	3046.5	5273.49
7	A21-25＋2×A21-32	首层梁模板、支模高度 5.3 m	100 m²	1.312	4095.48	5373.27
8	A21-49＋2×A21-57	首层板模板、支模高度 5.3 m	100 m²	1.479	4116.32	6088.04
9	A21-64＋2×A21-57	二层阳台模板、支模高度 5.3 m	100 m²	0.072	4904.63	353.13
10	A21-64	三层阳台模板	100 m²	0.072	4081.45	293.86
11	A21-25	二、天面层梁模板	100 m²	2.703	3328.56	8997.10
12	A21-49	二、天面层板模板	100 m²	3.162	3293.14	10412.91
13	A21-72	小型构件模板	100 m²	0.441	5242.95	2312.14
14	A21-68	压顶模板	100 m²	0.682	2438.62	1663.14
15	A21-52	楼梯模板	100 m²	0.312	10520.47	3282.39
16	A23-2	垂直运输	100 m²	5.784	1455.02	8415.84
		本页小计				63276.48

定额分部分项工程预算表

工程名称:广州市某办公楼

序号	定额编号	子目名称及说明	计量单位	工程量	定额基价/元	合价/元

项目8b 模板及其他措施项目清单计价

清单工程量计算表

工程名称：广州市某办公楼   第1页   共5页

序号	清单编码	项目名称 或轴线位置说明	工程量计算式	计量单位	工程量
1	011702001001	基础(垫层模板)	1.1+1.2=7.98+16.67	m²	24.65
1.1		承台垫层模板	(1.75+0.1×2+0.7+0.1×2)×2×0.1×14	m²	7.98
1.2		基础梁垫层模板		m²	16.67
		JKL1	(3.8+2.8+2.4−(0.7/2+0.4/2)×2−0.7×2)×0.1×2	m²	1.3
		JKL2	(6.8−(0.7/2+0.5/2)+0.1)×0.1×2+(0.3+0.2)×0.1	m²	1.31
		JKL3 ③×Ⓐ−Ⓓ	(3.8+2.8+2.4−(0.7/2+0.4/2)×2−0.7×2)×0.1×2	m²	1.3
		JKL3 ③×Ⓓ−Ⓔ	(6.8−(0.7/2+0.5/2)−0.15)×0.1×2	m²	1.21
		JKL4 ④×Ⓐ−Ⓓ	(3.8+2.8+2.4−(0.7/2+0.4/2)×2−0.7)×0.1×2	m²	1.44
		JKL4 ④×Ⓓ−Ⓔ	(6.8−(0.7/2+0.5/2)−0.15)×0.1×2	m²	1.21
		JKL5	(6+6−(1.75/2+0.5/2)×2−1.75)×0.1×2	m²	1.6
		JKL6	(6+6−(1.75/2+0.5/2)×2−1.75)×0.1×2	m²	1.6
		JKL7	(6−(1.75/2+0.4/2)−1.75/2)×0.1×2	m²	0.81
		JKL8	(6+6−(1.75/2+0.5/2)×2−1.75)×0.1×2	m²	1.6
		JKL9	(4.5+6−(1.75/2+0.4/2)×2−1.75)×0.1×2	m²	1.32
		L1	(2.1−0.25/2−0.18/2−0.1)×0.1×2	m²	0.36
		L2	(3.8+2.8+2.4−0.25×3)×0.1×2−(0.18+0.1×2)×0.1	m²	1.61
		小计		m²	16.67
2	011702001002	基础(承台模板)		m²	66.35
		①×④−Ⓐ×Ⓔ	(1.75+0.7)×2×1×14	m²	68.6
		扣除(承台与梁重叠部分)	−(0.25×0.25×18+0.3×0.35×5+0.25×0.15×16)	m²	−2.25
		小计		m²	66.35
3	011702005001	基础(梁模板)		m²	105.35
		JKL1	(3.8+2.8+2.4−0.4×3−0.35)×0.5×2−(0.7−0.4)×0.15×2−(0.7−0.35)×0.15×2−(0.7/2−0.4/2)×0.15×2	m²	7.17

清单工程量计算表

工程名称:广州市某办公楼　　　　　　　　　　　　　　　　　　　第 2 页　　共 5 页

序号	清单编码	项目名称 或轴线位置说明	工程量计算式	计量 单位	工程 量
		JKL2	$(6.8-0.5)\times0.7\times2-(0.7/2-0.5/2)\times0.35\times2$	m²	8.75
		JKL3 ③×Ⓐ-Ⓓ	$(3.8+2.8+2.4-0.4\times3-0.35)\times0.5\times2-(0.7/2-0.4/2)\times0.15\times2\times2-(0.7-0.4)\times0.15\times2-(0.7-0.35)\times0.15\times2-0.18\times0.4$	m²	7.09
		JKL3 ③×Ⓓ-Ⓔ	$(6.8-0.5)\times0.7\times2-(0.7/2-0.5/2)\times0.35\times2$	m²	8.75
		JKL4 ④×Ⓐ-Ⓓ	$(3.8+2.8+2.4-0.4\times3)\times0.5\times2-(0.7/2-0.4/2)\times0.15\times2\times2-(0.7-0.4)\times0.15\times2$	m²	7.62
		JKL4 ④×Ⓓ-Ⓔ	$(6.8-0.5)\times0.7\times2-(0.7/2-0.5/2)\times0.35\times2$	m²	8.75
		JKL5	$(12-0.5\times3)\times0.6\times2-(1.75/2-0.5/2)\times0.25\times2\times2-(1.75-0.5)\times0.25\times2-0.18\times0.4$	m²	11.28
		JKL6	$(12-0.5\times3)\times0.6\times2-(1.75/2-0.5/2)\times0.25\times2\times2-(1.75-0.5)\times0.25\times2-0.18\times0.4\times2$	m²	11.21
		JKL7	$(6-0.4-0.4/2)\times0.6\times2-(1.75/2-0.4/2)\times0.25\times2\times2$	m²	5.81
		JKL8	$(12-0.5\times3)\times0.6\times2-(1.75/2-0.5/2)\times0.25\times2\times2-(1.75-0.5)\times0.25\times2-0.18\times0.4-0.3\times0.7$	m²	11.07
		JKL9	$(4.5+6-0.4\times3)\times0.6\times2-(1.75/2-0.4/2)\times0.25\times2\times2-(1.75-0.4)\times0.25\times2$	m²	9.81
		L1	$(2.1-0.25/2-0.18/2)\times0.4\times2$	m²	1.51
		L2	$(3.8+2.8+2.4-0.25\times3)\times0.4\times2-0.18\times0.4$	m²	6.53
		小计		m²	105.35
4	011702002001	矩形柱(首层柱 模板 $h=5.3$ m)		m²	120.56
		KZ1	$(0.4+0.5)\times2\times(5.3-0.1)\times6$	m²	56.16
		KZ2	$(0.4+0.35)\times2\times(5.3-0.1)\times2$	m²	15.6
		KZ3	$(0.5+0.4)\times2\times(5.3-0.1)$	m²	9.36
		KZ1a	$(0.4+0.5)\times2\times(5.3-0.1)\times5$	m²	46.8
		增加部分 (柱与板边)	$(0.4\times6+0.5\times4)\times0.1$	m²	0.44
		扣梁与柱子重叠	$-(0.25\times(0.5-0.1)\times40+0.25\times(0.4-0.1)\times4)$	m²	−4.3

清单工程量计算表

工程名称：广州市某办公楼　　　　　　　　　　　　　　　第 3 页　　共 5 页

序号	清单编码	项目名称或轴线位置说明	工程量计算式	计量单位	工程量
		扣基础梁与柱子重叠	$-(0.25\times0.35\times34+0.3\times0.35\times5)$	m^2	-3.5
		小计		m^2	120.56
6	011702002002	矩形柱(二、三层柱模板 $h=3.6\ m$)		m^2	164.48
		KZ1	$(0.4+0.5)\times2\times(3.6-0.1)\times6\times2$	m^2	75.6
		KZ2	$(0.4+0.35)\times2\times(3.6-0.1)\times2\times2$	m^2	21
		KZ3	$(0.5+0.4)\times2\times(3.6-0.1)\times2$	m^2	12.6
		KZ1a	$(0.4+0.5)\times2\times(3.6-0.1)\times5\times2$	m^2	63
		增加部分(柱与板边)	$(0.4\times6+0.5\times4)\times0.1\times2$	m^2	0.88
		扣梁与柱子重叠	$-(0.25\times(0.5-0.1)\times40+0.25\times(0.4-0.1)\times4)\times2$	m^2	-8.6
		小计		m^2	164.48
7	011702006001	矩形梁(首层梁模板)		m^2	129.91
		KL1 ①×Ⓐ－Ⓓ	$(3.8+2.8+2.4-0.4\times3-0.35)\times(0.4\times2+0.25)-0.18\times0.3$	m^2	7.77
		KL1 ①×Ⓓ－Ⓔ	$6.8\times(0.5+0.25)+(6.8-0.25)\times0.4-0.2\times0.3$	m^2	7.66
		KL2	$(15.8-2.8-0.5-0.4\times2-0.4/2-0.35/2)\times(0.25+0.4\times2)-0.2\times0.3\times2-0.18\times0.3$	m^2	11.72
		KL3	$(15.8-0.5-0.4\times3)\times(0.25+0.4)+(15.8-0.5-0.4\times3)\times0.5-0.2$	m^2	16.16
		KL4	$(12-0.5\times3)\times(0.25+0.4+0.5)+1.5\times(0.25+0.3+0.4)-0.18\times0.3\times2$	m^2	13.39
		KL5	$(12-0.5\times3)\times(0.25+0.4\times2)-0.18\times0.3\times2$	m^2	10.92
		KL6	$(1.5+4.5-0.4/2-0.4)\times(0.25+0.4\times2)+(1.5-0.18)\times(0.25+0.3\times2)$	m^2	6.79
		KL7	$(12-0.5\times3)\times(0.25+0.4\times2)+1.5\times(0.25+0.3+0.4)-0.18\times0.3\times2-0.2\times0.3\times2$	m^2	12.22
		KL8	$(12-0.25-0.4\times3)\times(0.25+0.4+0.5)+0.25\times0.5-0.2\times0.3\times2$	m^2	12.14
		L1	$(1.6+2.4+0.25/2+0.18/2-0.25\times2)\times(0.18+0.3)+(1.6+2.4+0.125+0.09)\times0.4-0.18\times0.3-0.25\times0.3$	m^2	3.34

清单工程量计算表

工程名称：*广州市某办公楼*   第 4 页   共 5 页

序号	清单编码	项目名称 或轴线位置说明	工程量计算式	计量 单位	工程 量
		L2	$(3.8+2.8+2.4-0.25\times3)\times(0.18+0.3\times2)-0.18\times0.3$	m²	6.38
		L3	$(1.5-0.18)\times(0.18+0.3\times2)$	m²	1.03
		L4	$(2.1-0.25/2-0.18/2)\times(0.18+0.3\times2)$	m²	1.47
		L5	$(6.8-0.25-0.2)\times(0.2+0.3\times2)\times2$	m²	10.16
		L6	$(12-0.25\times3)\times(0.2+0.3\times2)-0.2\times0.3\times4$	m²	8.76
		小计		m²	129.91
8	011702014001	有梁板 （首层板模板）		m²	147.94
		1-③×Ⓐ-Ⓑ	$6\times3.8-(0.2\times0.5+0.4\times0.5/4+0.4\times0.5+0.25\times0.4)-(6-0.5-0.25)\times(0.25+0.125)-(3.8-0.4-0.2)\times(0.25+0.125)$	m²	19.18
		1-③×Ⓒ-Ⓓ	$6\times2.4-(0.4\times0.5+0.4\times0.25+0.4\times0.35/2+0.4\times0.35/4)-(6-0.5-0.25)\times0.25-(6-0.4-0.2)\times0.125-(2.4-0.4-0.35/2)\times(0.25+0.125)$	m²	11.32
		3-④×Ⓐ-Ⓓ	$6\times9-(0.4\times0.5\times3+0.4\times0.5\times2/2+0.2\times0.35+0.4\times0.5/2)-(6-0.5-0.25)\times(0.25\times3)-(9-0.4\times3-0.35)\times0.125-(9-0.4\times3)\times0.25-(9-0.25\times3)\times0.18-(2.1-0.25/2-0.18/2)\times0.18$	m²	44.39
		1-④×Ⓓ-Ⓔ	$12\times6.8-(0.4\times0.5\times3)-(12-0.4\times3)\times0.25-(12-0.25\times3)\times0.2-(6.8-0.25)\times0.25-(6.8-0.5)\times0.25\times2-(6.8-0.25-0.2)\times0.2\times2$	m²	68.72
		①'-①×Ⓐ-①/Ⓐ	$(1.5-0.18)\times(1.6-0.25-0.18/2)$	m²	1.66
		①'-①×Ⓒ-Ⓓ	$(1.5-0.18)\times(2.4-0.25-0.25/2)$	m²	2.67
		小计		m²	147.94
9	011702023001	雨篷、悬挑板、阳台 板（二层阳台模板）	$1.5\times(2.2+2.8-0.18/2-0.25/2)$	m²	7.18
	011702023002	雨篷、悬挑板、阳台 板（三层阳台模板）	$1.5\times(2.2+2.8-0.18/2-0.25/2)$	m²	7.18
10	011702006002	有梁板 （二、三层梁模板）		m²	267.63
		③×Ⓑ-Ⓒ	$(2.8-0.4/2-0.35/2)\times(0.25+0.4\times2)$	m²	2.55

清单工程量计算表

工程名称:广州市某办公楼 　　　　　　　　　　　　　　　　　　　第5页　　共5页

序号	清单编码	项目名称或轴线位置说明	工程量计算式	计量单位	工程量
		①'-①×①/Ⓐ-Ⓒ	(2.2+2.8-0.25/2-0.18/2)×(0.18+0.3+0.4)-0.25×0.3+(1.5-0.18)×(0.25+0.3×2)	m²	5.26
		小计	129.91+129.91+2.55+5.26	m²	267.63
11	011702014002	有梁板(二、三层)		m²	316.17
		①-③×Ⓑ-Ⓒ	(1.5+4.5)×2.8-(0.4×0.5/2+0.4×0.5/4+0.35×0.4/2+0.35×0.4/4)-(1.5+4.5-0.5-0.25)×0.125-(1.5+4.5-0.4-0.2)×0.125-(2.8-0.2-0.35/2)×(0.25+0.125)	m²	14.3
		小计	二层板模板×2+二层阳台模板+14.3=147.94×2+5.99+14.3	m²	316.17
12	011702025001	其他现浇构件	过梁模板	m²	40.87
		C1	(0.15×(1.8+0.25×2)×2+0.18×1.8)×7	m²	7.1
		C2	(0.18×(2.4+0.37×2)×2+0.18×2.4)×12	m²	18.75
		C3	(0.12×(0.9+0.25×2)×2+0.18×0.9)×7	m²	3.49
		M1	(0.12×(1.5+0.25×2)×2+0.18×1.5)+(0.12×(1.5+0.25×2)×2+0.12×1.5)×2	m²	2.07
		M2	(0.12×(0.9+0.25×2)×2+0.18×0.9)×3+((0.12×(0.9+0.25×2))×2+0.18×0.9)×11	m²	6.97
		M3	(0.12×(0.9+0.25×2)×2+0.18×0.9)×2+(0.12×(0.9+0.25×2)×2+0.18×0.9)×3	m²	2.49
		小计		m²	40.87
13	011702003001	构造柱模板	(0.18+0.18-0.12+0.03×6)×(4.8+0.15-0.5)	m²	1.87
14	011702025002	其他现浇构件(压顶)	((12+1.5+15.8)×2+(2.2+2.8-0.18/2×2)×2)×(0.12×3)	m²	24.57
15	011702029001	散水	(12+1×2+15.8+1×2)×2×0.05	m²	3.18
16	011702024001	楼梯模板		m²	31.16
		首层楼梯	(1.955+3.92-0.18+0.25)×(2.8-0.18)	m²	15.58
		二层楼梯	(1.955+3.92-0.18+0.25)×(2.8-0.18)	m²	15.58
		小计		m²	31.16
17	011703001001	垂直运输	建筑面积=578.38	m²	578.38
18	01B001	商品混凝土泵送增加费	6.336+5.7166+166.1147	m³	178.16

分部分项工程和单价措施项目清单与计价表

工程名称:广州市某办公楼　　　　　　　　　　　　　　　　第 1 页　　共 1 页

序号	项目编码	项目名称	项目特征描述	计量单位	工程量	综合单价	合价	其中:暂估价
			0117 模板及其他措施项目					
1	011702001001	基础	基础类型:基础垫层模板	m²	24.65	28.02	690.69	
2	011702001002	基础	基础类型:基础承台模板	m²	66.35	47.62	3159.59	
3	011702005001	基础梁	梁截面形状:矩形	m²	105.35	54.56	5747.90	
4	11702002001	矩形柱	1.截面周长:1.8 m 内 2.支模高度:5.3 m	m²	120.56	65.21	7861.72	
5	011702002002	矩形柱	1.截面周长:1.8 m 内 2.支模高度:3.6 m	m²	164.48	55.44	9118.77	
6	011702006001	矩形梁	1.截面宽度:25 cm 内 2.支撑高度:5.3 m	m²	129.91	79.15	10282.38	
7	011702014001	有梁板	支撑高度:5.3 m	m²	147.94	74.89	11079.23	
8	011702023001	雨篷、悬挑板、阳台板	1.支撑高度:5.3 m 2.构件类型:阳台板 3.板厚度:100 mm	m²	7.18	89.05	639.38	
9	011702023002	雨篷、悬挑板、阳台板	1.支撑高度:3.6 m 2.构件类型:阳台板 3.板厚度:100 mm	m²	7.18	71.69	514.73	
10	011702006002	矩形梁	1.截面宽度:25 cm 内 2.支撑高度:3.6 m	m²	267.63	63.28	16935.63	
11	011702014002	有梁板	支模高度:3.6 m	m²	316.17	57.56	18198.75	
12	011702025001	其他现浇构件	构件类型:过梁	m²	40.87	80.11	3274.10	
13	011702003001	构造柱	1.截面周长:1.2 m 内 2.支撑高度:4.8 m	m²	1.87	148.47	277.64	
14	011702025002	其他现浇构件	构件类型:混凝土压顶	m²	24.57	109.14	2681.57	
15	011702029001	散水	构件类型:混凝土散水	m²	3.18	80.11	254.75	
16	011702024001	楼梯	类型:直行楼梯	m²	31.16	171.85	5354.85	
17	011703001001	垂直运输	1.建筑结构形式:框架结构 2.檐口高度、层数:12.15 m、3 层	m²	578.38	21.34	12342.63	
			本页小计				108414.31	

分部分项工程量综合单价分析表

工程名称:广州市某办公楼   第 1 页   共 18 页

项目编码	011702001001	项目名称		基础	计量单位	m²	工程量	24.65

清单综合单价组成明细

定额编号	定额项目名称	定额单位	数量	单价/元				合价/元			
				人工费	材料费	机械费	管理费和利润	人工费	材料费	机械费	管理费和利润
A21-12	基础垫层模板	100 m²	0.01	1185.8	1172.39	51.62	391.62	11.86	11.72	0.52	3.92
人工单价		小计						11.86	11.72	0.52	3.92
综合工日 110 元/工日		未计价材料费									
清单项目综合单价								28.02			

材料费明细	主要材料名称、规格、型号	单位	数量	单价/元	合价/元	暂估单价/元	暂估合价/元
	圆钉 50～75	kg	0.1976	3.73	0.74		
	松杂板枋材	m³	0.009	1153.04	10.38		
	隔离剂	kg	0.1002	5.76	0.58		
	材料费小计			—	11.7	—	

分部分项工程量综合单价分析表

工程名称:广州市某办公楼　　　　　　　　　　　　第 2 页　　　共 18 页

| 项目编码 | 011702001002 | 项目名称 | | 基础 | 计量单位 | m² | 工程量 | 66.35 |

清单综合单价组成明细

定额编号	定额项目名称	定额单位	数量	单价/元				合价/元			
				人工费	材料费	机械费	管理费和利润	人工费	材料费	机械费	管理费和利润
A21-13	桩承台模板	100 m²	0.0103	2574	1108.66	95.31	845.73	26.51	11.42	0.98	8.71
人工单价		小计						26.51	11.42	0.98	8.71
综合工日 110 元/工日		未计价材料费									
清单项目综合单价								47.62			

材料费明细	主要材料名称、规格、型号	单位	数量	单价/元	合价/元	暂估单价/元	暂估合价/元
	镀锌低碳钢丝 φ4.0	kg	0.5845	5.21	3.05		
	圆钉 50~75	kg	0.1952	3.73	0.73		
	松杂板枋材	m³	0.0036	1153.04	4.15		
	防水胶合板 模板用 18	m²	0.0905	32.15	2.91		
	隔离剂	kg	0.1034	5.76	0.6		
	其他材料费	元	0.0605	1	0.06		
	材料费小计			—	11.5	—	

分部分项工程量综合单价分析表

工程名称:广州市某办公楼 　　　　　　　　　　　　　　　　第 3 页　　　共 18 页

| 项目编码 | 011702005001 | 项目名称 | 基础梁 | 计量单位 | m² | 工程量 | 105.35 |

清单综合单价组成明细										
定额编号	定额项目名称	定额单位	数量	单价/元				合价/元			
				人工费	材料费	机械费	管理费和利润	人工费	材料费	机械费	管理费和利润
A21-24	基础梁模板	100 m²	0.0101	2752.2	1636.89	107.23	905.61	27.80	16.53	1.08	9.15
人工单价		小计						27.80	16.53	1.08	9.15
综合工日 110元/工日		未计价材料费									
清单项目综合单价								54.56			

主要材料名称、规格、型号	单位	数量	单价/元	合价/元	暂估单价/元	暂估合价/元
镀锌低碳钢丝 φ4.0	kg	0.3884	5.21	2.02		
圆钉 50～75	kg	0.3965	3.73	1.48		
松杂板枋材	m³	0.008	1153.04	9.22		
防水胶合板 模板用 18	m²	0.096	32.15	3.09		
隔离剂	kg	0.1005	5.76	0.58		
其他材料费	元	0.0957	1	0.1		
材料费小计			—	16.49	—	

材料费明细

分部分项工程量综合单价分析表

工程名称:广州市某办公楼　　　　　　　　　　　第 4 页　　　共 18 页

项目编码	011702002001		项目名称	矩形柱	计量单位	m²	工程量	120.56

<table>
<tr><td colspan="13" align="center">清单综合单价组成明细</td></tr>
<tr>
<td rowspan="2">定额编号</td>
<td rowspan="2">定额项目名称</td>
<td rowspan="2">定额单位</td>
<td rowspan="2">数量</td>
<td colspan="4" align="center">单价/元</td>
<td colspan="4" align="center">合价/元</td>
</tr>
<tr>
<td>人工费</td><td>材料费</td><td>机械费</td><td>管理费和利润</td>
<td>人工费</td><td>材料费</td><td>机械费</td><td>管理费和利润</td>
</tr>
<tr>
<td>A21-15换</td>
<td>矩形柱模板(周长 m)支模高度3.6 m内1.8内实际高度(m):5.3</td>
<td>100 m²</td>
<td>0.0106</td>
<td>3796.1</td><td>972.36</td><td>137</td><td>1245.91</td>
<td>40.24</td><td>10.31</td><td>1.45</td><td>13.21</td>
</tr>
<tr>
<td>人工单价</td>
<td colspan="6" align="center">小计</td>
<td>40.24</td><td>10.31</td><td>1.45</td><td>13.21</td>
</tr>
<tr>
<td>综合工日 110元/工日</td>
<td colspan="10" align="center">未计价材料费</td>
</tr>
<tr>
<td colspan="7" align="center">清单项目综合单价</td>
<td colspan="4" align="center">65.21</td>
</tr>
</table>

材料费明细	主要材料名称、规格、型号	单位	数量	单价/元	合价/元	暂估单价/元	暂估合价/元
	圆钉 50~75	kg	0.0328	3.73	0.12		
	松杂板枋材	m³	0.0034	1153.04	3.92		
	防水胶合板 模板用 18	m²	0.0932	32.15	3		
	隔离剂	kg	0.1065	5.76	0.61		
	钢支撑	kg	0.673	3.91	2.63		
	其他材料费	元	0.0623	1	0.06		
	材料费小计			—	10.34	—	

分部分项工程量综合单价分析表

工程名称:广州某办公楼   第 5 页   共 18 页

项目编码	011702002002	项目名称		矩形柱	计量单位	m²	工程量	164.48

清单综合单价组成明细

定额编号	定额项目名称	定额单位	数量	单价/元				合价/元			
				人工费	材料费	机械费	管理费和利润	人工费	材料费	机械费	管理费和利润
A21-15	矩形柱模板(周长 m)支模高度3.6 m内,1.8内;实际高度(m):5.3	100 m²	0.0105	3215.3	876.05	129.07	1058.95	33.76	9.20	1.36	11.12
人工单价		小计						33.76	9.20	1.36	11.12
综合工日 110元/工日		未计价材料费									
清单项目综合单价								55.44			

	主要材料名称、规格、型号	单位	数量	单价/元	合价/元	暂估单价/元	暂估合价/元
材料费明细	圆钉 50~75	kg	0.0189	3.73	0.07		
	松杂板枋材	m³	0.0028	1153.04	3.23		
	防水胶合板 模板用 18	m²	0.0921	32.15	2.96		
	隔离剂	kg	0.1052	5.76	0.61		
	钢支撑	kg	0.5801	3.91	2.27		
	其他材料费	元	0.0616	1	0.06		
	材料费小计			—	9.20	—	

分部分项工程量综合单价分析表

工程名称:广州市某办公楼　　　　　　　　　　　　　　第 6 页　　共 18 页

项目编码	011702006001	项目名称	矩形梁	计量单位	m²	工程量	129.91

| 清单综合单价组成明细 |||||||||||

定额编号	定额项目名称	定额单位	数量	单价/元				合价/元			
				人工费	材料费	机械费	管理费和利润	人工费	材料费	机械费	管理费和利润
A21-25换	单梁、连续梁模板(梁宽)25cm以内,支模高度3.6 m;实际高度(m):5.3	100 m²	0.0101	5045.7	952.46	174.75	1655.23	51.05	9.62	1.76	16.72
人工单价		小计						51.05	9.62	1.76	16.72
综合工日 110元/工日		未计价材料费									
清单项目综合单价								79.15			

材料费明细	主要材料名称、规格、型号	单位	数量	单价/元	合价/元	暂估单价/元	暂估合价/元
	镀锌低碳钢丝 φ4.0	kg	0.1623	5.21	0.85		
	圆钉 50~75	kg	0.0047	3.73	0.02		
	松杂板枋材	m²	0.0005	1153.04	0.58		
	防水胶合板 模板用 18	m²	0.0964	32.15	3.1		
	隔离剂	kg	0.101	5.76	0.58		
	钢支撑	kg	1.1329	3.91	4.43		
	其他材料费	元	0.0961	1	0.1		
	材料费小计			—	9.66	—	

分部分项工程量综合单价分析表

工程名称:广州市某办公楼 　　　　　　　　　　　　　　　　　第 7 页　　共 18 页

项目编码	011702014001	项目名称	有梁板	计量单位	m²	工程量	147.94

				清单综合单价组成明细						

定额编号	定额项目名称	定额单位	数量	单价/元				合价/元			
				人工费	材料费	机械费	管理费和利润	人工费	材料费	机械费	管理费和利润
A21-49换	有梁板模板,支模高度 3.6 m;实际高度(m):5.3	100 m²	0.01	4605.7	1162.09	202.55	1517.81	46.06	11.62	2.03	15.18

人工单价	小计	46.06	11.62	2.03	15.18
综合工日 110 元/工日	未计价材料费				

清单项目综合单价	74.89

主要材料名称、规格、型号	单位	数量	单价/元	合价/元	暂估单价/元	暂估合价/元
镀锌低碳钢丝 φ4.0	kg	0.2214	5.21	1.15		
圆钉 50~75	kg	0.017	3.73	0.06		
松杂板枋材	m³	0.0028	1153.04	3.23		
防水胶合板 模板用 18	m²	0.0875	32.15	2.81		
隔离剂	kg	0.1	5.76	0.58		
钢支撑	kg	0.9441	3.91	3.69		
其他材料费	元	0.0833	1	0.08		
材料费小计			—	11.6	—	

(材料费明细)

分部分项工程量综合单价分析表

工程名称:广州市某办公楼   第 8 页   共 18 页

项目编码	011702023001	项目名称	雨篷、悬挑板、阳台板	计量单位	m²	工程量	7.18

清单综合单价组成明细

定额编号	定额项目名称	定额单位	数量	单价/元				合价/元			
				人工费	材料费	机械费	管理费和利润	人工费	材料费	机械费	管理费和利润
A21-64	阳台、雨篷模板 直形	100 m²	0.01	4412.1	1067.6	223.65	1464.74	44.12	10.68	2.24	14.65
A21-57×2	板模板 支模高度超过 3.6 m,每增加 1 m 内子目乘以系数 2	100 m²	0.01	1212.2	96.82	31.77	394.98	12.12	0.97	0.32	3.95
人工单价		小计						56.24	11.65	2.56	18.6
综合工日 110 元/工日		未计价材料费									
清单项目综合单价								89.05			

	主要材料名称、规格、型号	单位	数量	单价/元	合价/元	暂估单价/元	暂估合价/元
材料费明细	圆钉 50~75	kg	0.0221	3.73	0.08		
	松杂板枋材	m³	0.0036	1153.04	4.15		
	防水胶合板 模板用 18	m²	0.0875	32.15	2.81		
	隔离剂	kg	0.1	5.76	0.58		
	钢支撑	kg	1.0138	3.91	3.96		
	材料费小计			—	11.58		

分部分项工程量综合单价分析表

工程名称:广州市某办公楼   第 9 页   共 18 页

项目编码	011702023002	项目名称	雨篷、悬挑板、阳台板	计量单位	m²	工程量	7.18

清单综合单价组成明细

定额编号	定额项目名称	定额单位	数量	单价/元				合价/元			
				人工费	材料费	机械费	管理费和利润	人工费	材料费	机械费	管理费和利润
A21-64	阳台、雨蓬模板 直形	100 m²	0.01	4412.1	1067.6	223.65	1464.74	44.12	10.68	2.24	14.65
人工单价		小计						44.12	10.68	2.24	14.65
综合工日 110元/工日		未计价材料费									
清单项目综合单价								71.69			

主要材料名称、规格、型号	单位	数量	单价/元	合价/元	暂估单价/元	暂估合价/元
圆钉 50～75	kg	0.0221	3.73	0.08		
松杂板枋材	m³	0.0036	1153.04	4.15		
防水胶合板 模板用 18	m²	0.0875	32.15	2.81		
隔离剂	kg	0.1	5.76	0.58		
钢支撑	kg	0.7662	3.91	3		
材料费小计			—	10.62	—	

表格左侧标注：材料费明细

分部分项工程量综合单价分析表

工程名称：广州市某办公楼　　　　　　　　　　　　第 10 页　　　共 18 页

项目编码	011702006002	项目名称		矩形梁	计量单位	m²	工程量	267.63

<table>
<tr><td colspan="13" align="center">清单综合单价组成明细</td></tr>
<tr>
<td rowspan="2">定额编号</td>
<td rowspan="2">定额项目名称</td>
<td rowspan="2">定额单位</td>
<td rowspan="2">数量</td>
<td colspan="4" align="center">单价/元</td>
<td colspan="4" align="center">合价/元</td>
</tr>
<tr>
<td>人工费</td><td>材料费</td><td>机械费</td><td>管理费和利润</td>
<td>人工费</td><td>材料费</td><td>机械费</td><td>管理费和利润</td>
</tr>
<tr>
<td>A21-25</td>
<td>单梁、连续梁模板（梁宽）25 cm 以内；支模高度 3.6 m</td>
<td>100 m²</td>
<td>0.0101</td>
<td>3985.3</td><td>839.84</td><td>135.03</td><td>1306.26</td>
<td>40.25</td><td>8.48</td><td>1.36</td><td>13.19</td>
</tr>
<tr>
<td>人工单价</td>
<td colspan="3" align="center">小计</td>
<td colspan="4"></td>
<td>40.25</td><td>8.48</td><td>1.36</td><td>13.19</td>
</tr>
<tr>
<td>综合工日 110 元/工日</td>
<td colspan="3" align="center">未计价材料费</td>
<td colspan="8"></td>
</tr>
<tr>
<td colspan="4" align="center">清单项目综合单价</td>
<td colspan="9" align="center">63.28</td>
</tr>
</table>

材料费明细	主要材料名称、规格、型号	单位	数量	单价/元	合价/元	暂估单价/元	暂估合价/元
	镀锌低碳钢丝 φ4.0	kg	0.1623	5.21	0.85		
	圆钉 50～75	kg	0.0047	3.73	0.02		
	松杂板枋材	m³	0.0005	1153.04	0.58		
	防水胶合板 模板用 18	m²	0.0964	32.15	3.1		
	隔离剂	kg	0.101	5.76	0.58		
	钢支撑	kg	0.842	3.91	3.29		
	其他材料费	元	0.0961	1	0.1		
	材料费小计			—	8.52	—	

分部分项工程量综合单价分析表

工程名称:广州市某办公楼
第 11 页　　共 18 页

项目编码	011702014002	项目名称	有梁板	计量单位	m²	工程量	316.17

清单综合单价组成明细

定额编号	定额项目名称	定额单位	数量	单价/元				合价/元			
				人工费	材料费	机械费	管理费和利润	人工费	材料费	机械费	管理费和利润
A21-49	有梁板模板 支模高度 3.6 m	100 m²	0.01	3393.5	1065.27	170.78	1126.27	33.94	10.65	1.71	11.26
人工单价			小计					33.94	10.65	1.71	11.26
综合工日 110 元/工日			未计价材料费								
清单项目综合单价								57.56			

主要材料名称、规格、型号	单位	数量	单价/元	合价/元	暂估单价/元	暂估合价/元
镀锌低碳钢丝 φ4.0	kg	0.2214	5.21	1.15		
圆钉 50～75	kg	0.017	3.73	0.06		
松杂板枋材	m³	0.0028	1153.04	3.23		
防水胶合板 模板用 18	m²	0.0875	32.15	2.81		
隔离剂	kg	0.1	5.76	0.58		
钢支撑	kg	0.6965	3.91	2.72		
其他材料费	元	0.0833	1	0.08		
材料费小计			—	10.63	—	

（材料费明细）

分部分项工程量综合单价分析表

工程名称:广州市某办公楼   第 12 页   共 18 页

项目编码	011702025001	项目名称		其他现浇构件	计量单位	m²	工程量	40.87

<table>
<tr><th colspan="9" style="text-align:center">清单综合单价组成明细</th></tr>
<tr><th rowspan="2">定额编号</th><th rowspan="2">定额项目名称</th><th rowspan="2">定额单位</th><th rowspan="2">数量</th><th colspan="4">单价/元</th><th colspan="4">合价/元</th></tr>
<tr><th>人工费</th><th>材料费</th><th>机械费</th><th>管理费和利润</th><th>人工费</th><th>材料费</th><th>机械费</th><th>管理费和利润</th></tr>
<tr><td>A21-72</td><td>小型构件模板</td><td>100 m²</td><td>0.01</td><td>4207.5</td><td>2269.73</td><td>151.4</td><td>1381.55</td><td>42.08</td><td>22.7</td><td>1.51</td><td>13.82</td></tr>
<tr><td colspan="2" style="text-align:center">人工单价</td><td colspan="2" style="text-align:center">小计</td><td colspan="4"></td><td>42.08</td><td>22.7</td><td>1.51</td><td>13.82</td></tr>
<tr><td colspan="2">综合工日 110 元/工日</td><td colspan="6" style="text-align:center">未计价材料费</td><td colspan="4"></td></tr>
<tr><td colspan="4" style="text-align:center">清单项目综合单价</td><td colspan="5" style="text-align:center">80.11</td></tr>
</table>

	主要材料名称、规格、型号	单位	数量	单价/元	合价/元	暂估单价/元	暂估合价/元
材料费明细	圆钉 50～75	kg	0.7609	3.73	2.84		
	松杂板枋材	m³	0.0167	1153.04	19.26		
	嵌缝料	kg	0.1	0.85	0.09		
	隔离剂	kg	0.1	5.76	0.58		
	材料费小计			—	22.77	—	

分部分项工程量综合单价分析表

工程名称:广州市某办公楼   第 13 页   共 18 页

项目编码	011702003001		项目名称	构造柱	计量单位	m²	工程量	1.87

				清单综合单价组成明细						

定额编号	定额项目名称	定额单位	数量	单价/元				合价/元			
				人工费	材料费	机械费	管理费和利润	人工费	材料费	机械费	管理费和利润
A21-14换	矩形柱模板:支模高度3.6 m内,柱周长1.2 m内;实际高度(m):4.8	100 m²	0.02	4650.8	1092.05	156.34	1524.04	93.02	21.84	3.13	30.48
人工单价		小计						93.02	21.84	3.13	30.48
综合工日 110元/工日		未计价材料费									
清单项目综合单价								148.47			

	主要材料名称、规格、型号	单位	数量	单价/元	合价/元	暂估单价/元	暂估合价/元
材料费明细	圆钉50~75	kg	0.1056	3.73	0.39		
	铁件(综合)	kg	0.228	4.38	1		
	松杂板枋材	m³	0.016	1153.04	18.45		
	嵌缝料	kg	0.2	0.85	0.17		
	隔离剂	kg	0.2	5.76	1.15		
	钢支撑	kg	0.1616	3.91	0.63		
	材料费小计			—	21.79	—	

分部分项工程量综合单价分析表

工程名称:广州市某办公楼　　　　　　　　　　　　第 14 页　　　共 18 页

项目编码	011702025002	项目名称	其他现浇构件	计量单位	m²	工程量	24.57

<table>
<tr><td colspan="12" align="center">清单综合单价组成明细</td></tr>
<tr><td rowspan="2">定额编号</td><td rowspan="2">定额项目名称</td><td rowspan="2">定额单位</td><td rowspan="2">数量</td><td colspan="4">单价/元</td><td colspan="4">合价/元</td></tr>
<tr><td>人工费</td><td>材料费</td><td>机械费</td><td>管理费和利润</td><td>人工费</td><td>材料费</td><td>机械费</td><td>管理费和利润</td></tr>
<tr><td>A21-68</td><td>压顶、扶手模板</td><td>100 m</td><td>0.0278</td><td>2205.5</td><td>932.78</td><td>66.5</td><td>721.09</td><td>61.31</td><td>25.93</td><td>1.85</td><td>20.05</td></tr>
<tr><td colspan="2" align="center">人工单价</td><td colspan="6" align="center">小计</td><td>61.31</td><td>25.93</td><td>1.85</td><td>20.05</td></tr>
<tr><td colspan="2">综合工日 110元/工日</td><td colspan="6" align="center">未计价材料费</td><td colspan="4"></td></tr>
<tr><td colspan="4" align="center">清单项目综合单价</td><td colspan="8" align="center">109.14</td></tr>
</table>

主要材料名称、规格、型号	单位	数量	单价/元	合价/元	暂估单价/元	暂估合价/元
圆钉 50～75	kg	0.5754	3.73	2.15		
松杂板枋材	m³	0.0201	1153.04	23.18		
嵌缝料	kg	0.0916	0.85	0.08		
隔离剂	kg	0.0916	5.76	0.53		
材料费小计			—	25.94	—	

材料明细表

分部分项工程量综合单价分析表

工程名称：广州市某办公楼   第 15 页   共 18 页

项目编码	011702029001	项目名称		散水	计量单位	m²	工程量	3.18

清单综合单价组成明细											
定额编号	定额项目名称	定额单位	数量	单价/元				合价/元			
				人工费	材料费	机械费	管理费和利润	人工费	材料费	机械费	管理费和利润
A21-72	小型构件模板	100 m²	0.01	4207.5	2269.73	151.4	1381.55	42.08	22.7	1.51	13.82
人工单价		小计						42.08	22.7	1.51	13.82
综合工日 110 元/工日		未计价材料费									
清单项目综合单价								80.11			

材料费明细	主要材料名称、规格、型号	单位	数量	单价/元	合价/元	暂估单价/元	暂估合价/元
	圆钉 50～75	kg	0.7609	3.73	2.84		
	松杂板枋材	m³	0.0166	1153.04	19.14		
	嵌缝料	kg	0.1	0.85	0.09		
	隔离剂	kg	0.1	5.76	0.58		
	材料费小计			—	22.65	—	

分部分项工程量综合单价分析表

工程名称:广州市某办公楼   第 16 页   共 18 页

项目编码	011702024001	项目名称		楼梯	计量单位	m²	工程量	31.16

清单综合单价组成明细								
定额编号	定额项目名称	定额单位	数量	单价/元				合价/元
				人工费	材料费	机械费	管理费和利润	人工费	材料费	机械费	管理费和利润

定额编号	定额项目名称	定额单位	数量	人工费	材料费	机械费	管理费和利润	人工费	材料费	机械费	管理费和利润
A21-62	楼梯模板 直形	100 m²	0.01	9821.9	3899.63	260.58	3201.88	98.22	39	2.61	32.02
人工单价		小计						98.22	39	2.61	32.02
综合工日 110 元/工日		未计价材料费									
清单项目综合单价								171.85			

材料费明细	主要材料名称、规格、型号	单位	数量	单价/元	合价/元	暂估单价/元	暂估合价/元
	圆钉 50~75	kg	0.534	3.73	1.99		
	松杂板枋材	m³	0.0312	1153.04	35.97		
	嵌缝料	kg	0.161	0.85	0.14		
	隔离剂	kg	0.161	5.76	0.93		
	材料费小计			—	39.03	—	

分部分项工程量综合单价分析表

工程名称:广州市某办公楼   第 17 页   共 18 页

项目编码	011703001001	项目名称		垂直运输		计量单位	m²	工程量	578.38

<table>
<tr><th colspan="10">清单综合单价组成明细</th></tr>
<tr><th rowspan="2">定额编号</th><th rowspan="2">定额项目名称</th><th rowspan="2">定额单位</th><th rowspan="2">数量</th><th colspan="4">单价/元</th><th colspan="4">合价/元</th></tr>
<tr><th>人工费</th><th>材料费</th><th>机械费</th><th>管理费和利润</th><th>人工费</th><th>材料费</th><th>机械费</th><th>管理费和利润</th></tr>
<tr><td>A23－2</td><td>建筑物20 m以内的垂直运输 现浇框架结构</td><td>100 m²</td><td>0.01</td><td></td><td></td><td>1906.88</td><td>226.81</td><td></td><td></td><td>19.07</td><td>2.27</td></tr>
<tr><td colspan="2">人工单价</td><td colspan="4">小计</td><td></td><td></td><td>19.07</td><td>2.27</td></tr>
<tr><td colspan="2">综合工日110元/工日</td><td colspan="4">未计价材料费</td><td colspan="4"></td></tr>
<tr><td colspan="6">清单项目综合单价</td><td colspan="4">21.34</td></tr>
</table>

<table>
<tr><th colspan="3">主要材料名称、规格、型号</th><th>单位</th><th>数量</th><th>单价/元</th><th>合价/元</th><th>暂估单价/元</th><th>暂估合价/元</th></tr>
<tr><td rowspan="18">材料费明细</td><td></td><td></td><td></td><td></td><td></td><td></td><td></td><td></td></tr>
<tr><td></td><td></td><td></td><td></td><td></td><td></td><td></td><td></td></tr>
<tr><td></td><td></td><td></td><td></td><td></td><td></td><td></td><td></td></tr>
<tr><td></td><td></td><td></td><td></td><td></td><td></td><td></td><td></td></tr>
<tr><td></td><td></td><td></td><td></td><td></td><td></td><td></td><td></td></tr>
<tr><td></td><td></td><td></td><td></td><td></td><td></td><td></td><td></td></tr>
<tr><td></td><td></td><td></td><td></td><td></td><td></td><td></td><td></td></tr>
<tr><td></td><td></td><td></td><td></td><td></td><td></td><td></td><td></td></tr>
<tr><td></td><td></td><td></td><td></td><td></td><td></td><td></td><td></td></tr>
<tr><td></td><td></td><td></td><td></td><td></td><td></td><td></td><td></td></tr>
<tr><td></td><td></td><td></td><td></td><td></td><td></td><td></td><td></td></tr>
<tr><td></td><td></td><td></td><td></td><td></td><td></td><td></td><td></td></tr>
<tr><td></td><td></td><td></td><td></td><td></td><td></td><td></td><td></td></tr>
<tr><td></td><td></td><td></td><td></td><td></td><td></td><td></td><td></td></tr>
<tr><td></td><td></td><td></td><td></td><td></td><td></td><td></td><td></td></tr>
<tr><td></td><td></td><td></td><td></td><td></td><td></td><td></td><td></td></tr>
<tr><td></td><td></td><td></td><td></td><td></td><td></td><td></td><td></td></tr>
<tr><td></td><td></td><td></td><td></td><td></td><td></td><td></td><td></td></tr>
<tr><td colspan="4">材料费小计</td><td></td><td>—</td><td></td><td>—</td><td></td></tr>
</table>

分部分项工程量综合单价分析表

工程名称:广州市某办公楼   第 18 页   共 18 页

项目编码	01B001		项目名称	混凝土泵送增加费、商品混凝土	计量单位	m³	工程量	178.16

清单综合单价组成明细									

定额编号	定额项目名称	定额单位	数量	单价/元				合价/元			
				人工费	材料费	机械费	管理费和利润	人工费	材料费	机械费	管理费和利润
A26-3	混凝土泵送增加费商品混凝土(不计算超高降效)	10 m³	0.1	18.7	60.33	48.95	19.84	1.87	6.03	4.90	1.98

人工单价	小计				1.87	6.03	4.90	1.98

综合工日 110 元/工日	未计价材料费		

清单项目综合单价		14.78

主要材料名称、规格、型号	单位	数量	单价/元	合价/元	暂估单价/元	暂估合价/元
圆钉 50~75	kg	0.02	3.73	0.07		
复合普通硅酸盐水泥 P.O 42.5	t	0.0058	332.91	1.93		
中砂	m³	0.009	80.44	0.72		
碎石 20	m³	0.013	125.33	1.63		
松杂板枋材	m³	0.001	1153.04	1.15		
水	m³	0.103	4.58	0.47		
其他材料费	元	0.049	1	0.05		
材料费小计			—	6.02	—	

招标控制价编制

广州市某办公楼　　　工程

招 标 控 制 价

招　标　人：　广州盛乔地产开发公司

（单位盖章）

造价咨询人：　鑫利造价咨询

（单位盖章）

2017 年 3 月 6 日

<u>　　　　广州市某办公楼　　　　</u>　工程

招 标 控 制 价

招标控制价　　（小写）：<u>512 713.53　　　　　　　　　　</u>

　　　　　　　　（大写）：<u>伍拾壹万贰仟柒佰壹拾叁元伍角叁分　　</u>

招　　标　　人：<u>广州盛乔地产开发公司</u>　　　造价咨询人：<u>　鑫利造价咨询　　</u>
　　　　　　　　　（单位盖章）　　　　　　　　　　　　　　（单位资质专用章）

法定代理人　　　　　　　　　　　　　　法定代理人

或其授权人：<u>　　　　　　　　　　</u>　　或其授权人：<u>　　　　　　　　　　</u>
　　　　　　　（签字或盖章）　　　　　　　　　　　　　（签字或盖章）

编　　制　　人：<u>黄颖 51023008262</u>　　　复　核　人：<u>　　刘启　　　</u>
　　　　　　　（造价人员签字盖专用章）　　　　　　（造价工程师签字盖专用章）

编 制 时 间：<u>2017 年 2 月 28 日</u>　　　复 核 时 间：<u>2017 年 3 月 4 日</u>

总　说　明

工程名称：广州市某办公楼 第 1 页　共 1 页

一、工程概况

本工程为广州市某办公楼，多层民用建筑。本工程建筑物高度为 12 m，共 3 层，首层 4.80 m，二、三层均为 3.60 m，建筑面积 578.38 m²。本工程抗震设防烈度为 6 度，框架结构，耐火等级为二级。

二、编制依据

(1)《办公建筑设计规范》(JGJ 67—2006)；

(2)《建筑设计防火规范》(GB 50016—2014)；

(3) 工程建设标准强制性条文(房屋建筑部分)；

(4) 计价依据：采用清单计价，执行国家《房屋建筑与装饰工程工程量计算规范》(GB 50854—2013)、《广东省安装工程综合定额》(2010) 等；

(5) 取费标准：预算包干费按 1% 计取；

(6) 人工单价按 2016 年第 3 期《广州市工程造价信息》110 元/工日计取；

(7) 材料价格：按 2016 年第 3 期《广州市工程造价信息》公布的当月材料价格执行，《广州市工程造价信息》没有相应价格的，均按市场询价计入。

三、编制范围

该工程主要设计内容如下：

(1) 土石方工程；

(2) 桩基础工程；

(3) 砌筑工程；

(4) 混凝土及钢筋混凝土工程；

(5) 门窗工程；

(6) 屋面及防水、保温隔热工程；

(7) 模板工程；

(8) 脚手架工程；

(9) 其他工程。

单位工程招标控制价汇总表

工程名称:广州市某办公楼　　　　　　　标段:　　　　　　　第 1 页　　共 1 页

序号	汇总内容	金额/元	其中:暂估价/元
1	分部分项合计	292914.85	
1.1	土石方工程	14506.84	
1.2	桩基础工程	56550.12	
1.3	砌筑工程	65283.21	
1.4	混凝土及钢筋混凝土工程	86251.28	
1.5	门窗工程	40734.37	
1.6	屋面及防水、保温隔热工程	29589.03	
2	措施合计	165598.64	
2.1	安全防护、文明施工措施项目费	54533.05	
2.2	其他措施费	111065.59	
3	其他项目	2929.15	—
3.1	材料检验试验费		
3.2	工程优质费		
3.3	暂列金额		
3.4	暂估价		
3.5	计日工		
3.6	总承包服务费		
3.7	材料保管费		
3.8	预算包干费	2929.15	
3.9	索赔费用		
3.10	现场签证费用		
4	规费	461.44	—
5	税金	50809.45	—
6	总造价	512713.53	
7	人工费	152660.75	
招标控制价合计=1+2+3+4+5		512 713.53	

注:本表适用于单位工程招标控制价或投标报价的汇总,如无单位工程划分,单项工程也使用本表汇总

分部分项工程和单价措施项目清单与计价表

工程名称:广州市某办公楼　　　　　　　标段:　　　　　第1页　共6页

序号	项目编码	项目名称	项目特征描述	计量单位	工程量	金额/元		
						综合单价	综合合价	其中:暂估价
			土石方工程				14506.84	
1	010101001001	平整场地	土壤类别:三类土	m²	179.4	7.59	1361.65	
2	010101003001	挖沟槽土方	1.土壤类别:三类土 2.挖土深度:1.45 m	m³	46.61	66.84	3115.41	
3	010101004001	挖基坑土方	1.土壤类别:三类土 2.挖土深度:0.8 m	m³	77.65	66.84	5190.13	
4	010103001001	回填方	运距:5 km	m³	86.24	33.07	2851.96	
5	010103002001	余方弃置	填方来源:原土回填	m³	38.02	52.28	1987.69	
			桩基础工程				56550.12	
6	010301002001	预制钢筋混凝土管桩	1.地层情况:三类土 2.送桩深度、桩长:送桩至基础底面-1.4 m,桩长12 m 3.桩外径、壁厚:桩外径400 mm,壁厚95 mm 4.桩尖类型:封底十字刀刃桩靴 5.沉桩方法:静压力压桩 6.混凝土强度等级:C30 7.填充材料种类:微膨胀普通商品混凝土	m	288	144.61	41647.68	
7	010301002002	预制钢筋混凝土管桩(试验桩)	1.地层情况:三类土 2.送桩深度、桩长:送桩至基础底面-1.4 m,桩长12 m 3.桩外径、壁厚:桩外径400 mm,壁厚95 mm 4.桩尖类型:封底十字刀刃桩靴 5.沉桩方法:静压力压桩,试验桩 6.混凝土强度等级:C30 7.填充材料种类:微膨胀普通商品混凝土	m	48	184.17	8840.16	
8	010301005001	桩尖	1.桩尖类型:封底十字刀刃 2.设计材质:钢制 3.桩尖质量:35 kg	t	0.98	6186	6062.28	
			砌筑工程				65283.21	
9	010401003001	实心砖墙	1.砖品种、规格、强度等级:标准砖 240 mm×115 mm×53 mm 2.墙体类型:外墙180厚 3.砂浆强度等级、配合比:M5水泥石灰砂浆	m³	82.09	471.31	38689.84	

分部分项工程和单价措施项目清单与计价表

工程名称：广州市某办公楼　　　　　　　标段：　　　　　　　第 2 页　　共 6 页

序号	项目编码	项目名称	项目特征描述	计量单位	工程量	综合单价	综合合价	其中：暂估价
						金额/元		
10	010401003002	实心砖墙	1.砖品种、规格、强度等级：标准砖 240 mm×115 mm×53 mm 2.墙体类型：外墙 120 厚 3.砂浆强度等级、配合比：M5 水泥石灰砂浆	m³	5.20	482.1	2506.92	
11	010401003003	实心砖墙	1.砖品种、规格：240 mm×115 mm×53 mm 2.墙体类型：内墙 120 厚 3.砂浆强度等级、配合比：M5 水泥石灰砂浆	m³	35.96	461.93	16611	
12	010401003004	实心砖墙	1.砖品种、规格、强度等级：标准砖 240 mm×115 mm×53 mm 2.墙体类型：内墙 180 厚 3.砂浆强度等级、配合比：M5 水泥石灰砂浆	m³	5.94	453.18	2691.89	
13	010401012001	零星砌砖	1.零星砌砖名称、部位：阳台栏板 2.砖品种、规格、强度等级：标准 240 mm×115 mm×53 mm 3.砂浆强度等级、配合比：M5 水泥石灰砂浆	m³	9.64	496.22	4783.56	
		混凝土及钢筋混凝土工程					86251.28	
14	010501001001	垫层	1.混凝土种类：普通商品混凝土 2.混凝土强度等级：C10	m³	6.24	449.33	2803.82	
15	010501005001	桩承台基础	1.混凝土种类：普通商品混凝土 2.混凝土强度等级：C25	m³	17.15	481.9	8264.59	
16	010502001001	矩形柱	1.混凝土种类：普通商品混凝土 2.混凝土强度等级：C25	m³	33.77	508.37	17167.65	
17	010502002001	构造柱	1.混凝土种类：普通商品混凝土 2.混凝土强度等级：C20	m³	0.21	577.05	121.18	

分部分项工程和单价措施项目清单与计价表

工程名称:广州市某办公楼   标段: 第 3 页   共 6 页

序号	项目编码	项目名称	项目特征描述	计量单位	工程量	综合单价	综合合价	其中:暂估价
18	010503001001	基础梁	1.混凝土种类:普通商品混凝土 2.混凝土强度等级:C25	m³	13.6	450.03	6120.41	
19	010503005001	过梁	1.混凝土种类:普通商品混凝土 2.混凝土强度等级:C20	m³	2.32	555.47	1288.69	
20	010505001001	有梁板	1.混凝土种类:普通商品混凝土 2.混凝土强度等级:C25	m³	90.43	456.51	41282.2	
21	010505008001	雨篷、悬挑板、阳台板	1.混凝土种类:普通商品混凝土 2.混凝土强度等级:C25	m³	2.16	548.73	1185.26	
22	010506001001	直形楼梯	1.混凝土种类:普通商品混凝土 2.混凝土强度等级:C25	m³	5.65	532.05	3006.08	
23	010507001001	散水、坡道	1.垫层材料种类、厚度:150厚3:7灰土 2.面层厚度:50 mm 3.混凝土种类:普通商品混凝土 4.混凝土强度:C20	m²	62.6	64.02	4007.65	
24	010507005001	扶手、压顶	1.混凝土种类:普通商品混凝土 2.混凝土强度等级:C25	m³	1.71	586.99	1003.75	
		门窗工程					40734.37	
25	010801001001	木质门	门代号及洞口尺寸:M2、900 mm×2100 mm	m²	26.46	300.95	7963.14	
26	010802001001	金属(塑钢)门	1.门代号及洞口尺寸:M3、900 mm×2100 mm 2.门框、扇材质:46系列双扇铝合金平开门	m²	9.45	364.67	3446.13	
27	010802003001	钢质防火门	1.门代号及洞口尺寸:M1、1500 mm×2400 mm 2.门框、扇材质:钢质防火门 双扇	m²	10.8	222.58	2403.86	

分部分项工程和单价措施项目清单与计价表

工程名称:广州市某办公楼　　　　　　　　标段:　　　　　　　　第 4 页　　共 6 页

序号	项目编码	项目名称	项目特征描述	计量单位	工程量	金额/元		
						综合单价	综合合价	其中:暂估价
28	010807001001	金属(塑钢、断桥)窗	1.窗代号及洞口尺寸:C1、1800 mm×1800 mm 2.框、扇材质:90 系列铝合金推拉窗	m²	22.68	308.51	6997.01	
29	010807001002	金属(塑钢、断桥)窗	1.窗代号及洞口尺寸:C2、2400 mm×1800 mm 2.框、扇材质:90 系列铝合金推拉窗	m²	51.84	308.52	15993.68	
30	010807001003	金属(塑钢、断桥)窗	1.窗代号及洞口尺寸:C3、900 mm×1800 mm 2.框、扇材质:90 系列铝合金推拉窗	m²	11.34	308.52	3498.62	
31	010807001004	金属(塑钢、断桥)窗	1.窗代号及洞口尺寸:C1、900 mm×800 mm 2.框、扇材质:90 系列铝合金推拉窗	m²	1.4	308.52	431.93	
		屋面及防水、保温隔热工程					29589.03	
32	011101006001	平面砂浆找平层	找平层厚度、砂浆配合比:1∶2.5水泥砂浆找平层20 mm 厚	m²	210.54	13.75	2894.93	
33	011101006002	平面砂浆找平层	找平层厚度、砂浆配合比:1∶2.5水泥砂浆找平层25 mm 厚	m²	213.3	16.66	3553.58	
34	010902001001	屋面卷材防水	1.卷材品种、规格:APP改性沥青防水卷材2 mm厚 2.防水层数:单层	m²	210.54	39.88	8396.34	
35	010902003001	屋面刚性层	1.刚性层厚度:3.5 cm 2.混凝土种类:细石混凝土 3.混凝土强度:C20 4.嵌缝:石油沥青 5.钢筋规格、型号:D4 @ 150 双向布置	m²	213.3	31.97	6819.2	

分部分项工程和单价措施项目清单与计价表

工程名称:广州市某办公楼　　　　　　标段:　　　　　第5页　共6页

序号	项目编码	项目名称	项目特征描述	计量单位	工程量	综合单价	综合合价	其中:暂估价
36	011001001001	保温隔热屋面	1.保温隔热材料品种:M5.0水泥石灰砂浆铺300 mm×300 mm×65 mm膨胀珍珠岩隔砖,1:2水泥砂浆填缝 2.基层防护材料种类:土工布单层干铺在防水卷材上	m²	167	38.06	6356.02	
37	010902008001	屋面变形缝	1.嵌缝材料种类:石油沥青嵌缝 2.防护材料种类:1:2水泥砂浆	m	63.4	7.47	473.6	
38	010515001001	现浇构件钢筋	钢筋种类、规格:D4圆钢	t	0.224	4890	1095.36	
		措施项目					151476.78	
		安全文明施工措施费					34184.18	
39	粤011701008001	综合钢脚手架	1.钢筋混凝土框架结构 2.檐口高度:12.05	m²	776.45	33.96	26368.24	
40	粤011701009001	单排钢脚手架	1.搭设高度:4.45 m 2.脚手架材质:钢管	m²	85.27	7.53	642.08	
41	粤011701010001	满堂脚手架	1.搭设高度:4.8 m 2.脚手架材质:钢管	m²	163.79	11.69	1914.71	
42	粤011701011001	里脚手架(钢管)h=4.8 m	1.搭设高度:4.8 m 2.脚手架材质:钢管	m²	89.7	13.56	1216.33	
43	粤011701011002	里脚手架(钢管)h=3.6 m	1.搭设高度:3.6 m 2.脚手架材质:钢管	m²	398.7	10.14	4042.82	
		其他措施费					117292.6	
44	011702001001	基础	基础类型:基础垫层模板	m²	24.65	28.06	691.68	
45	011702001002	基础	基础类型:基础承台模板	m²	66.35	47.8	3171.53	
46	011702005001	基础梁	梁截面形状:矩形	m²	105.35	54.31	5721.56	

分部分项工程和单价措施项目清单与计价表

工程名称:广州市某办公楼　　　　　　　标段:　　　　　　　第 6 页　　共 6 页

序号	项目编码	项目名称	项目特征描述	计量单位	工程量	综合单价	综合合价	其中:暂估价
47	011702002001	矩形柱	1.截面周长:1.8 m 内 2.支模高度:5.3 m	m²	120.56	65.5	7896.68	
48	011702002002	矩形柱	1.截面周长:1.8 m 内 2.支模高度:3.6 m	m²	164.48	55.55	9136.86	
49	011702006001	矩形梁	1.截面宽度:25 cm 内 2.支撑高度:5.3 m	m²	129.91	79.04	10268.09	
50	011702014001	有梁板	1.支撑高度:5.3 m	m²	147.94	74.89	11079.23	
51	011702023001	雨篷、悬挑板、阳台板	1.支撑高度:5.3 m 2.构件类型:阳台板 3.板厚度:100 mm	m²	7.18	89.02	639.16	
52	011702023002	雨篷、悬挑板、阳台板	1.支撑高度:3.6 m 2.构件类型:阳台板 3.板厚度:100 mm	m²	7.18	71.69	514.73	
53	011702006002	矩形梁	1.截面宽度:25 cm 内 2.支撑高度:3.6 m	m²	267.63	63.27	16932.95	
54	011702014002	有梁板	支模高度:3.6 m	m²	316.17	57.56	18198.75	
55	011702025001	其他现浇构件	构件类型:过梁	m²	40.87	80.1	3273.69	
56	011702003001	构造柱	1.截面周长:1.2 m 内 2.支撑高度:4.8 m	m²	1.87	148.47	277.64	
57	011702025002	其他现浇构件	构件类型:压顶	m²	24.57	108.98	2677.64	
58	011702029001	散水	构件类型:混凝土散水	m²	3.18	80.1	254.72	
59	011702024001	楼梯	类型:直行楼梯	m²	31.16	171.85	5354.85	
60	011703001001	垂直运输	1.建筑结构形式:框架结构 2.建筑物檐口高度、层数:12.15 m、3层	m²	578.38	21.34	12342.63	
61	01B001	混凝土泵送增加费、商品混凝土	1.建筑结构形式:框架结构 2.檐口高度、层数:12.15 m、3层	m³	178.16	14.78	2633.2	
		合计					444391.63	

总价措施项目清单与计价表

工程名称:广州市某办公楼　　　　　　　标段:　　　　　　第1页　共1页

序号	项目编码	项目名称	计算基础	费率/(%)	金额/元	调整费率/(%)	调整后金额/元	备注
1	011707001001	文明施工与环境保护、临时设施、安全施工	分部分项人工费	26.57	20348.87			以分部分项工程费为计算基础,费率3.8796%
2	WMGDZJF00001	文明工地增加费	分部分项合计	0				以分部分项工程费为计算基础,市级文明工地为0.4%;省级文明工地为0.7%
3	011707002001	夜间施工增加费		0				以夜间施工项目人工费的20%计算
4	GGCSF0000001	赶工措施	分部分项合计	0				赶工措施费＝(1−δ)×分部分项工程费×0.1(0.8≤δ<1,式中:δ＝合同工期/定额工期)
5	NJCCQZJCC001	泥浆池（槽）砌筑及拆除						钻(冲)孔桩、旋挖成孔灌注桩、微型桩,费用标准为:26.26元/m³;地下连续墙费用标准为:42.11元/m³
		合　计			20348.87			

其他项目清单与计价汇总表

工程名称:广州市某办公楼 　　　　　　　　标段： 　　　　　　第 1 页　　共 1 页

序号	项目名称	金额/元	结算金额/元	备注
1	材料检验试验费			
2	工程优质费			
3	暂列金额			
4	暂估价			
4.1	材料暂估价			
4.2	专业工程暂估价			
5	计日工			
6	总承包服务费			
7	材料保管费			
8	预算包干费	2929.15		
9	现场签证费用			
10	索赔费用			
	合　计	2929.15		—

规费、税金项目清单与计价表

工程名称:广州市某办公楼 　　　　　　　标段: 　　　　　　　第1页　　共1页

序号	项目名称	计算基础	取费基数	计算费率/(%)	金额/元
1	规费	规费合计	461.44		461.44
1.1	工程排污费	分部分项合计＋措施合计＋其他项目	461442.64	0	
1.2	施工噪音排污费	分部分项合计＋措施合计＋其他项目	461442.64	0	
1.3	防洪工程维护费	分部分项合计＋措施合计＋其他项目	461442.64	0	
1.4	危险作业意外伤害保险	分部分项合计＋措施合计＋其他项目	461442.64	0.1	461.44
2	税金	分部分项合计＋措施合计＋其他项目＋规费	461904.08	11	50809.45
	合　　计				51270.89

备注:

1.综合单价分析表见前面各项目

2.图纸见附录

附录　广州市某办公楼设计图

工程设计图纸目录

序号	图号	图名	图幅	附注	更新
01		目录	A3		2014.07.11
02	建施-01	建筑设计说明	A3		2014.07.11
03	建施-02	首层、二层平面图	A3		2014.07.11
04	建施-03	三层、天面平面图	A3		2014.07.11
05	建施-04	立面图、剖面图	A3		2014.07.11
06	建施-05	楼梯平面详图	A3		2014.07.11
07	建施-06	大样详图	A3		2014.07.11
08	结施-01	结构设计说明	A3		2014.07.11
09	结施-02	桩基础结构平面图、桩基础配筋详图	A3		2014.07.11
10	结施-03	基础-3层结构柱轴线定位图、基础梁钢筋图	A3		2014.07.11
11	结施-04	2~3层梁钢筋图、2~3层板钢筋图	A3		2014.07.11
12	结施-05	天面梁钢筋图、天面板钢筋图	A3		2014.07.11
13	结施-06	楼梯结构详图	A3		2014.07.11

建设单位
工程名称　办公楼
图纸　目录
内容

项目负责人
设计
制图

主任
审核
校对

设计号
日期
图别
图号

建筑设计说明

一、工程概况

1. 该工程位于广州地区，本建筑用于工程造价的人员学习之用，并非实际工程。
2. 本工程为框架结构，地上3层，无地下室。
3. 室内外高差为0.15m，檐高为12.15m。
4. 总建筑面积约为578.38 m²。

二、

律采用中经缩图中注明的外，其余均采用C25商品砼；楼板厚度图中注明的。

三、本工程墙体

外墙和横向墙均为3/4砖厚混水砖墙，内墙为1/2砖厚混水砖墙，采用MU10标准砖，室内装修砌筑。

四、室内装修设计

层号	房间名称	地面(楼面)	踢脚(高100 mm)	墙裙(高1500 mm)	内墙面	天棚吊顶(首层高度4.0 m，2~3层高度3 m)
一层	大堂	地面1	踢脚1		内墙面1	吊顶1
	办公室	地面2	踢脚2		内墙面2	吊顶1
	值班室	地面1	踢脚1		内墙面3	吊顶1
	卫生间	地面3			内墙面3	吊顶2
	走道	地面1	踢脚1		内墙面2	吊顶1
	楼梯间	地面1	踢脚2		内墙面3	顶棚1
二层	大办公室	楼面1	踢脚1	墙裙1	内墙面3	吊顶1
	小办公室	楼面2	踢脚3		内墙面2	顶棚1
三层	卫生间	楼面3			内墙面3	顶棚2
	阳台	楼面3			内墙面2	顶棚1
	会客室	楼面4	踢脚2		内墙面1	顶棚1
	楼梯间	楼梯楼面1	楼梯踢脚		内墙面3	顶棚3

地面1:
1. 铺20厚大理石板(大理石板尺寸600 mm×600 mm)，白水泥擦缝。
2. 20厚1:2.5水泥砂浆找平层。
3. 垫层：90厚C20素混凝土(混凝土种类：现场搅拌机搅拌碎石粒径20)。
4. 3:7灰土夯实。

地面2:
1. 10厚抛光地砖(地砖尺寸400 mm×400 mm)，白水泥擦缝。
2. 20厚1:3水泥砂浆找平层。
3. 垫层：110厚C20素混凝土(混凝土种类：现场搅拌机搅拌碎石粒径20)。
4. 3:7灰土夯实。

地面3:
1. 10厚防滑地砖300 mm×300 mm，稀水泥浆擦缝。
2. 20厚1:3水泥砂浆找平层。
3. 1.5厚聚氨酯涂膜防水层。
4. 最薄处110厚C15细石混凝土从门口向地漏找1%坡。
5. 现浇钢筋混凝土楼板。

楼面1:
1. 铺20厚大理石板600 mm×600 mm，稀水泥浆擦缝。
2. 20厚1:3水泥砂浆找平层。
3. 现浇混凝土楼板。

楼面2:
1. 10厚抛光地砖400 mm×400 mm，白水泥浆擦缝。
2. 20厚1:3水泥砂浆找平层。
3. 现浇钢筋混凝土楼板。

楼面3:
1. 10厚防滑地砖300 mm×300 mm，稀水泥浆擦缝。
2. 20厚1:3水泥砂浆找平层。
3. 1.5厚聚氨酯涂膜防水层。
4. 从门口向地漏找1%坡。
5. 现浇混凝土楼板。

楼面4:
1. 铺20厚大理石600 mm×600 mm，稀水泥浆擦缝。
2. 20厚1:3水泥砂浆找平层。
3. 现浇混凝土楼板。

踢脚1:
1. 大理石踢脚线高100 mm，稀水泥浆擦缝。
2. 1:2水泥砂浆(内掺建筑胶)粘结层。

踢脚2:
1. 大理石踢脚板高100 mm，稀水泥浆擦缝。
2. 1:2水泥砂浆(内掺建筑胶)结合层。

踢脚3:
1. 瓷砖踢脚板高100 mm，稀水泥浆擦缝。
2. 1:2水泥砂浆(内掺建筑胶)结合层。

楼梯踢脚:
1. 木踢脚高100 mm。
2. 木地板专用胶粘剂结合层。

内墙面1:
1. 大堂墙面贴对花墙面。
2. 刮腻子膏两遍。
3. 5厚1:2.5水泥砂浆找平。
4. 15厚1:3水泥砂浆底。
5. 素水泥浆一道毛(内掺建筑胶)。

内墙面2:
1. 釉面砖面层200 mm×300 mm，白水泥擦缝。
2. 5厚水泥浆结合一道。
3. 素水泥浆一道。
4. 2厚聚氨酯涂膜防水层。
5. 15厚1:2.5水泥砂浆打底压实抹平。

内墙面3:
1. 刷乳白色涂料。
2. 刮腻子平压光。
3. 5厚1:2.5水泥砂浆找平。
4. 15厚1:3水泥砂浆底。
5. 素水泥浆一道毛(内掺建筑胶)。

墙裙1:
1. 200×300西班牙米黄色墙面砖，白水泥擦缝。
2. 5厚水泥浆结合一道。
3. 15厚1:2.5水泥砂浆打底压实抹平。

顶棚1:
1. 乳胶漆两遍。
2. 满刮腻子一遍。
3. 5厚1:2.5水泥砂浆找平层。
4. 10厚1:1:6水泥石灰砂浆打底扫毛。
5. 素水泥浆一道毛(内掺建筑胶)。

吊顶1:
1. 10厚防滑地砖300 mm×300 mm，稀水泥浆擦缝。
2. 20厚1:3水泥砂浆找平层。
3. 1.5厚聚氨酯涂膜防水层。
4. 从门口向地漏找1%坡。
5. 现浇混凝土楼板。

楼面3:
1. 铺20厚大理石600 mm×600 mm，稀水泥砂浆找平层。
2. 20厚1:3水泥砂浆找平层。
3. 现浇混凝土楼板。

吊顶1:
1. 600 mm×600 mm×0.8铝板面层，燃烧等级A级。
2. 装配式U型轻钢龙骨不上人型，面层规格600 mm×600 mm平面。
3. 现浇钢筋混凝土楼板。

吊顶2:
1. 埃特板面层。
2. 装配式T型铝合金龙骨不上人型，面层规格300 mm×300 mm平面。
3. 现浇钢筋混凝土楼板。

五、外墙

外墙:
1. 水泥膏铺贴浅黄色纸皮瓷砖，水泥砂浆擦缝。
2. 15厚1:6水泥石灰砂浆打底扫毛或水泥砂浆做底层抹灰。

女儿墙:
1. 水泥膏铺贴浅黄色纸皮瓷砖，水泥砂浆擦缝。
2. 15厚1:1:6水泥石灰砂浆底层抹灰。

阳台栏板内侧:
1. 水泥膏贴白色瓷砖，水泥砂浆擦缝。
2. 15厚1:1:6水泥石灰砂浆打底。

女儿墙:
1. 50 mm厚C20细石混凝土面层，撒1:1水泥砂浆压实赶光。
2. 150 mm厚3:7灰土垫层。
3. 素土夯实，向外找坡4%。

散水:
1. 15厚1:6水泥石灰砂浆打底或出灰道。
2. 素土夯实。

门窗编号	洞口尺寸 宽×高	个数	门窗种类	备注
C1	1800×1800	7	90系列铝合金推拉窗	居中安装
C2	2400×1800	12	90系列铝合金推拉窗	居中安装
C3	900×1800	9	90系列铝合金推拉窗	居中安装
C4	900×800	2	90系列铝合金推拉窗	居中安装
M1	1500×2400	3	钢质防火门 双扇(甲级)	靠外墙外门
M2	900×2100	14	单扇夹板装饰门	靠内侧安装
M3	900×2100	5	46系列双购铝合金平开门	靠内侧安装

除说明外，填充墙顶设现浇混凝土过梁，混凝土强度等级为C20。过梁尺寸如下：
1. 当洞口净跨$L_n \leq 1500$时，过梁高度为120，支座$a=250$ mm；
2. 当1500<洞口净跨$L_n \leq 2000$时，过梁为180，支座$a=250$ mm；
3. 当2000<洞口净跨$L_n \leq 2500$时，过梁为370，支座$a=370$ mm。
4. 女儿墙，阳台栏板高120mm，采用MU10标准砖，M5水泥石灰砂浆砌筑。

		建设单位					
主任		工程名称	办公楼			设计号	
审核		图纸内容	建筑设计说明			日期	2014.7
	项目负责人			设计		图别	建施

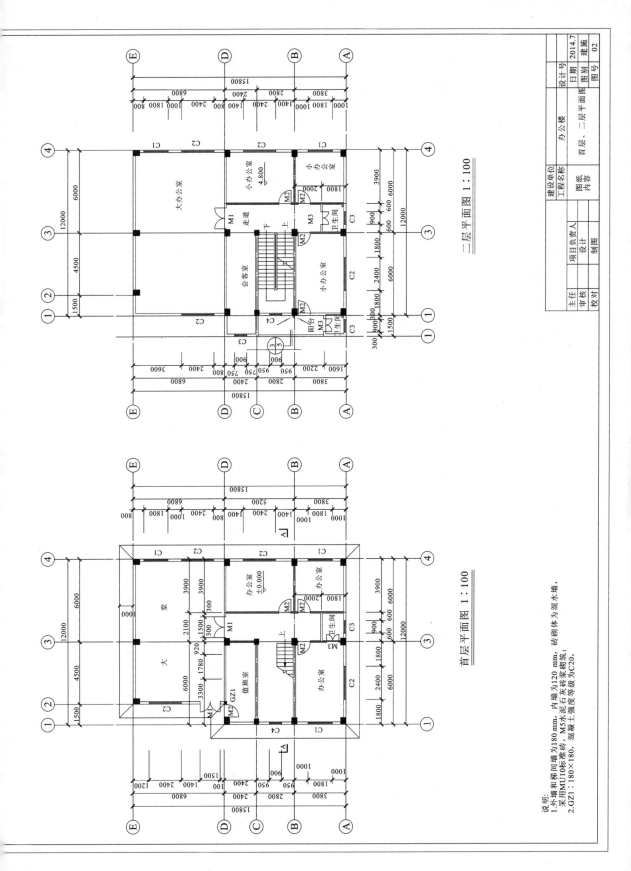

设计号 图别 建施
日期 2014.7 图号 02

二层平面图 1:100

首层平面图 1:100

说明:
1.外墙和楼梯间墙为180 mm, 内墙为120 mm, 砖砌体为混水墙, 采用MU10标准砖, M5水泥石灰砂浆砌筑;
2.GZ1:180×180, 混凝土强度等级为C20。

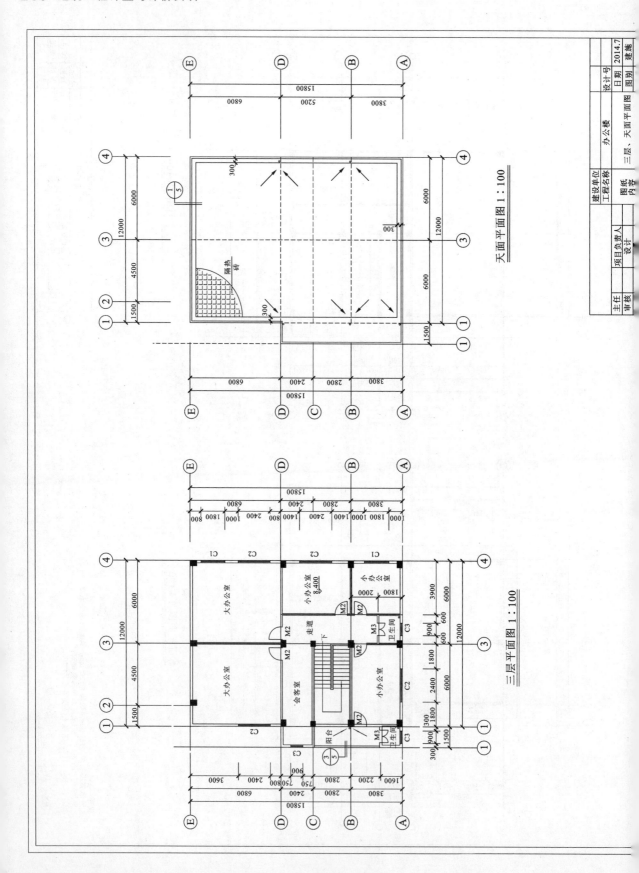

天面平面图 1：100

三层平面图 1：100

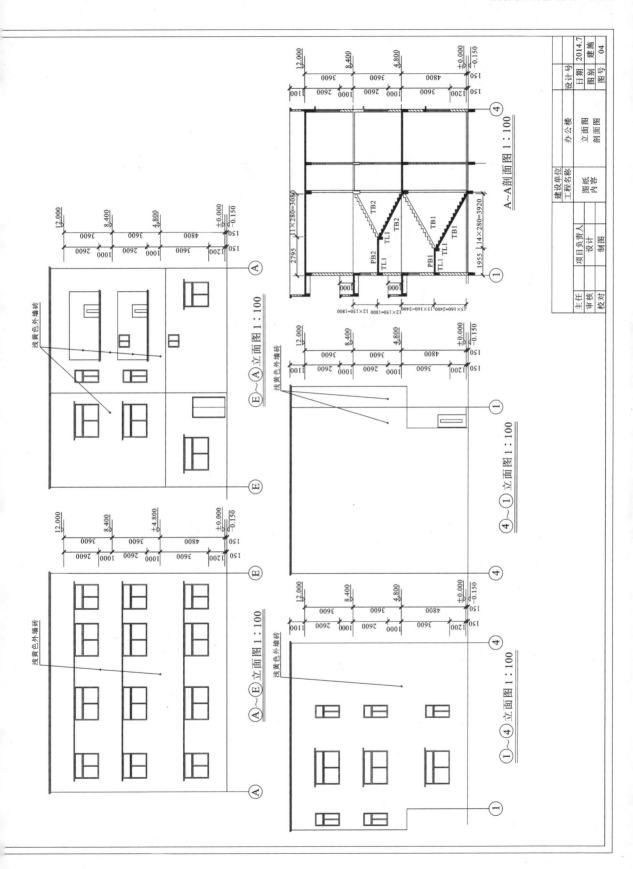

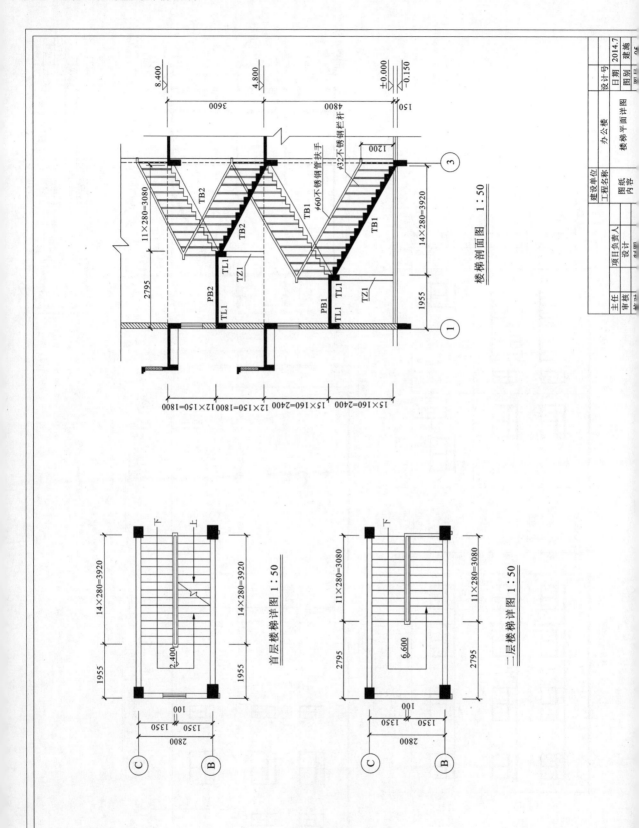

楼梯剖面图 1:50

首层楼梯详图 1:50

二层楼梯详图 1:50

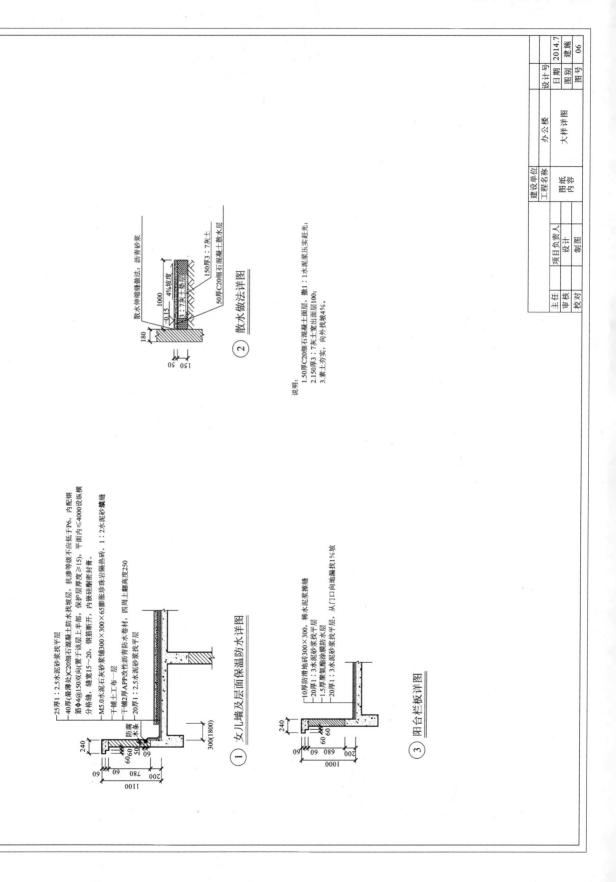

散水伸缩缝做法：沥青砂浆

150厚3：7灰土

50厚C20细石混凝土散水层

② 散水做法详图

说明：
1.50厚C20细石混凝土面层，撒：1水泥浆压实赶光；
2.150厚3：7灰土宽出面层100；
3.素土夯实，向外找坡4%。

25厚1：2.5水泥砂浆找平层

40厚(最薄处)C20细石混凝土上防水找坡层，抗渗等级不应低于P6，内配钢筋φ4@150双向(灰找坡层厚度≥15)，保护层厚度≥15)，平面内≤4000设纵横分格缝，缝宽15~20，钢筋断开，内嵌硅酮密封膏；

M5.0水泥石灰砂浆铺300×300×65膨胀珍珠岩隔热砖，1：2水泥砂浆填缝

干铺土工布一层

干铺2厚APP改性沥青防水卷材，四周上翻高度250

20厚1：2.5水泥砂浆找平层

防腐木条

300(1800)

240

60 60 50 09

60

200 780 60

1100

① 女儿墙及层面保温防水详图

10厚防滑地砖300×300，稀水泥浆擦缝

20厚1：3水泥砂浆找平层

1.5厚聚氨酯涂膜防水层

20厚1：3水泥砂浆找平层，从门口向地漏找1％坡

240

60 60

09 09 089 200

1000

③ 阳台栏板详图

建设单位		项目负责人		主任	
工程名称	办公楼	设计		审核	
图纸内容	大样详图	制图		校对	

设计号
日期 2014.7
图别 建施
图号 06

结构设计总说明

一、总则

1.本工程[项目]为框架结构，建筑结构类型为框架结构，建筑结构安全等级为二级，工程设计使用年限为50年。
2.本工程结构，地上3层，地下1层。
3.计量单位除注明外，长度为毫米(mm)，室内外高差150mm，室内外高差主要剖面。
4.本工程±0.000为室内地面标高，相当于测量图绝对标高。角度以°为N mm。
5.本工程施工除应遵守本说明及各有关现行国家标准规范、规程、施工及验收规范外，应严格执行有关施工及使用说明书。
6.未经技术鉴定或设计许可，不得改变结构的用途及使用环境。
7.本工程所用混凝土均应为商品混凝土，砂采用绿色或品级的预拌商品砂浆。
8.本项目设计标高均达到国家绿色建筑标准，详见绿色建筑设计说明等篇。
9.在本说明中，凡选择栏□中画"√"的为本工程所用。

二、设计依据

1.工程建设标准强制性条文(房屋建筑部分)。
2.国家现行有关设计规范、规程、规程。
3.考虑当地实际情况采用部分地方规程、规范。
4.本工程所用的软件名称为：中国建筑科学研究院高层PKPMCAD工程版，软件授权号：10718P0016。

三、抗震设计、防火要求及正常使用活荷载

1.建筑设计结构制性条文(房屋建筑部分)。
2.国家现行有关设计规范、规程。
3.考虑当地实际情况采用部分地方规程。

第Ⅰ组：本工程抗震设防烈度为Ⅶ类。地震设防烈度为6度，设计基本地震加速度值为0.05 g。设计地震分组为第一组。

1.抗震设防烈度分类为丙类。
的抗震设防烈度分度为6度混凝土按建筑结构抗震设防为6度。
2.抗震等级为：框架四级。 □剪力墙四级 □底部加强层 □底部加强层一般抗力等级为四级。
3.建筑物耐火等级为二级。

4.基础中垫层时受力钢筋的混凝土保护层不应小于70mm。当无垫层50mm。其余建筑结构受力钢筋的公称直径。设计基本地震设防裂度为6度。梁柱节点和构造钢筋的保护层厚度不应小于15mm。
保护层内配筋且其不小于钢筋的公称直径。顶板的钢筋的保护混凝土保护层厚度为墙壁。
楼板之间应设梁块。以保证钢筋的混凝土保护层的裂缝堆块。 以保证钢筋的混凝土保护层。

注：表格中数字中采用于环境类别为二a的混凝土构件时采用混凝土保护层厚度。

地上构件(环境类别一)钢筋混凝土保护层厚度(mm)

构件名称	柱		墙		梁		楼板	
	≤25	>25	≤25	>25	≤25	>25	≤25	>25
混凝土强度等级	25		20		20	15	20	20
防火要求的保护层厚度								

地上构件(环境类别二a)钢筋混凝土保护层厚度(mm)

构件名称	暗柱		墙		梁		楼板	
	≤25	>25	≤25	>25	≤25	>25	≤25	>25
混凝土强度等级	25		20	25	25	25	20	20
防火要求的保护层厚度	40				40		30	

注：表格中数字中采用于环境类别为二b的混凝土构件时采用混凝土保护层厚度。

四、地基基础部分

1.本工程基础设计等级为丙级。
2.本工程采用高强度混凝土应力管桩，桩基安全等级为二级，建筑桩基设计等级为丙级。
3.水泥混凝土采用C40时，要求混凝土三倍自身自重的三倍。
(1)混凝土下水泥混凝土水灰比为0.55，最小水泥用量330 kg/m³，要求混凝土三倍自重。
(2)地上地下直接与土接触的桩。混凝土土壤。基础混凝土及屋面(承台沿垫面无防水部位涂冷沥青油两遍)。
4.基础施工时应充分了解地质实际情况与设计要求不符，须通知地质勘察工程师及设计人员共同研究处理。
5.基础与混凝土的抗渗测应按照《建筑地基基础设计规范》(GB5007—2011)及地区三部门的规定执行。

五、钢筋混凝土结构部分

1.钢筋混凝土结构部分
HPB300($f_y'=270$N/mm²)；HRB400及RRB400(f_y' 360(构件受拉钢筋)；其纵向受力钢筋(含斜撑构件和梁)，
抗震等级为一、二、三级的框架结构（含斜撑构件和梁），其纵向受力钢筋的屈服强度实测值与强度标准值的比值不应大于1.3。
实测值的比值大于不应小于1.25，且钢筋实测总伸长率不应小于9%。
钢筋屈服强度实测值的应具有不小于95%的保证率。
在施工中，当需要以强度等级较高的钢筋替代原设计中的纵向受力钢筋时，应按照钢筋受拉承载力设计值相等的原则换算，并应满足正常使用极限状态和抗震构造措施的要求。

(7)凡是跨板的阳角处，柱面阳角处，当跨出板内≥200及板跨短度≥4000的内外跨的板角处均需正交放置直径等于该板负面直径@100的双向面筋，长度取跨中及短跨处为1/4板向筋每个"▲"符号之板角处），伸入梁内L_a(抗震)。

(8)板底筋锚入支座(或墙边或墙)内为1/4墙内又向面筋。长度取其1/4板跨中心线。当筋面板的端支座为柱、剪力墙时，该处之板面筋应锚入柱、墙内L_a(抗震)。

(9)所有板筋(受力筋)的当用搭接接长时，其搭接长度，其搭接构用LlE，非抗震结构用L_l，且不小于300。

(10)在同一断面内的接头钢筋的一般楼板。均应加设支撑钢筋超过截面积的1/4。

(11)跨度大于4 m的板。要求板筋中起拱L/400。

(12)楼板开洞时，当洞边d(d<300时，支撑钢筋制成，宜每平方米设置一个。处理如下：
a.当洞宽度h(d≥300)时，板筋绕过洞边，不需切断；
b.当洞宽度h(d≥300且<1000时，洞边加筋应加图三。

(13)基槽转角处配置附加加强钢筋的加图四。

(14)上下水管道及设备孔洞均按平面图或有专业图纸所示位置及大小预留，不得后凿。除风井排烟井扩道外，其余设备管道井的封堵筋均为二次浇筑成，施工时预留板凿。安装管道时应分层设及量保留钢筋。方可浇灌混凝土。

(15)凡混凝土内埋设及穿管时，管道安设处不得补焊缝切断所的钢筋之间，应用设在两层面面筋的1/3，管径大于板厚的1/3，管径必交处应妥善处理。使管壁至板上下边缘净距均不小于25。

(16)凡是结构梁下未设结构梁时，除设计注明之外设应在板底相应位置在板内按设置附加钢筋L_a，钢筋锚入梁中L_a。当1500<L<2500时为2单18；当L≥2500时为2单20。钢筋锚入梁中L_a。

5.梁

(1)梁的配筋及钢筋构造要求详国标11G101—1图集《混凝土结构施工图平面整体表示方法制图规则和构造详图》。

(2)梁跨高度≥450时，均需在梁两侧设置腰筋，该腰筋采用直径12。拉筋200设一排，每隔200设一样，每隔直径≥20。

(3)跨度L≥4 m的梁及L≥2 m的基础梁，应起拱L/400。

(4)设备管线需要在梁上开孔成埋槽件时，应严格按有关专业设计图或要求设置，当需要上开洞时，均需加筋，加强及大样见《梁平法施工图说明》。

(5)反架结构的屋面需墙面按排水方向，有关图所位置及尺寸预留温水孔，不需后凿。

(6)交叉梁的梁两相等时，跨度较长的梁架筋置于跨度较短的梁的投筋五做法之上。

(7)当悬挑梁的封边钢筋置于跨面较高大于基挑架离的投筋应尽可能做悬托下料，若需接长，搭接长度在跨中1/3范围内，若采用接头，搭接长度见抗震宜配。

(8)框架梁梁面直通钢筋应在跨中1/3范围内，若采用接头，搭接长度见抗震宜配围内的箍筋加密加常区配。

6.柱

(1)柱的配筋及构造要求详见国标11G101—1图集《混凝土结构施工图平面整体表示方法制图规则和构造详图》。

(2)砌体结构及钢筋混凝土结构构充填的钢筋砖墙先砌柱需详见GZ做法注湖砌体结构部分的说明，构造柱需先砌砖后浇柱，砌墙时墙与构造柱连接处处要砌成马牙槎(构造详图十)。沿墙高每隔500设2Φ8水平拉结筋，构造柱截面配筋见图十一。

7.楼梯

(1)现浇混凝土板式楼梯梯段及平台板配筋及构造要求详见国标11G101—1图集《混凝土结构施工图平面整体表示方法制图规则和构造详图》。

(2)其他类型楼梯见具体设计。

(3)楼梯扶手连接的预埋件的位置及做法见建筑施准标。

(4)采用砖砌扶手的板式楼梯，扶手下部板底增设2Φ4@50纵向钢筋。

(5)楼梯平台梁直接与柱TZ位置连见结构平面图，其截面L×h=墙厚×300，主筋入支承梁或基础内L_a。主筋4Φ14，箍筋8@100。

8.钢筋混凝土预埋件

(1)预埋件的锚固钢筋采用HPB300、HRB400，严禁采用冷加工钢筋。

(2)设备检修用的吊环采用HPB300钢筋，严禁采用冷加工钢筋，吊环后刷红丹防锈油两度(去锈等级：Sa2级)。

在钢筋骨架上。

9.找坡做法

(1)凡外露铁件在覆盖装修面层以前应去锈，去锈后刷红丹防锈油两度(去锈等级：Sa2级)。

屋面及露台找坡采用Ⅱ级建筑找坡1:3结构找坡，采用水泥石灰混合砂浆。

六、砌体结构部分

1.本工程砌体结构施工质量控制等级取B级。

2.背架结构的填充墙及围护墙

(1)背架结构中的填充墙均匀不承重，砌体种类及材料强度等级详见表十一。

(2)墙长大于5 m时，墙顶与梁板应沿墙全长连接且沿墙长方向每隔8 m或层高两者间时，设置钢筋混凝土构造柱(图十一)。墙高超过4 m时，墙高设过4 m时，墙体半高设置与各柱连接且沿墙长全长贯通的钢筋混凝土水平连系梁。梁高同墙厚，宽度同墙厚，梁高180，宽度同墙厚，主筋4Φ10，箍筋Φ8@200，梁主筋与柱的预留拉结筋相搭接或焊接。

(3)填充墙结束处每隔500 mm设置208拉筋，拉筋全长贯通。

(4)楼梯间和人流通道的填充墙，尚采用钢丝网砂浆面层加强。

(5)高度小于4 m的墙在层内墙一下采用墙。地脚做法见图十六。

(6)高度不超过1.5 m的砖砌阳台栏板和女儿墙在自身高处及沿长度每隔3 m应设置构造柱。其墙面及配筋与上述相同。女儿墙压顶采用梁高180，宽度同墙厚，主筋4Φ10，箍筋Φ8@200。

3.砌体墙中的门窗洞及设备预留孔洞，过梁除图中另有注明外，统一按下述处理：

(1)当洞宽在1000以下时采用砖砌平拱，拱高240，用MU10砖、WM M10砂浆砌结；

(2)当洞宽为1000~1200时用钢筋砖过梁，梁高取洞高的1/4，梁底放钢筋3Φ8，用WP M15砂浆筑20厚保护层。

(3)当洞宽大于250、梁支承长度≥250，混凝土强度等级C20：箍筋Φ8@200，梁支承长度≥250，混凝土强度等级C20，洞宽用2Φ14，架立筋2Φ12，底筋用3Φ6，架立筋2Φ14。

(4)当洞宽为4000~6000时用钢筋混凝土过梁，梁支承长度≥350，混凝土强度等级C20，梁高取洞宽的1/12，底筋用3Φ6，架立筋2Φ14。

(5)当洞宽大于6000时用钢筋混凝土过梁，梁支承长度≥500，混凝土强度等级C20，梁高取洞宽的1/8，底筋用Φ20，架立筋2Φ16。

箍筋Φ8@100，梁的支承长度≥500。成端入框结构，混凝土用墙顶，过梁与各类过梁的高度均，如图十七。

(6)洞顶与结构梁(板)底的直角小于1.5 m时各类过梁的高度，

4.砖砌电梯井构造柱和圈梁：电梯井四角应设置构造柱，其断面同x墙厚×墙厚，Φ8@150，配筋为4Φ12，Φ8@200；纵筋4Φ14，箍筋Φ8@200；电梯圈梁断面同为墙厚×300，梁高和圈梁的具体定位应按电梯厂家提供的土建资料。

七、其他

1.除通风管井及烟道外，其余水电管道埋井应在每隔2层在管道安装完毕后，子楼面标高处用细混凝土板封死，其做法为：板厚100，板面为双层双向配筋Φ8@200，水电图一起施工。

2.本套施工图配合全建筑，水电图与建筑一起施工。

3.沉降观测：本工程应对建筑物施工及使用过程中的沉降进行观测并加以记录。观测点布置应按相关规范、沉降观测由建设单位委托勘测单位承担。观测点的埋设及保护应由施工单位负责并需予配合。观测工作由基础施工完成后开始，观测从的埋设应高于承台顶标高1/10。底筋放钢筋3Φ8。首层完工后观测一次，待建筑物每升高2层观测一次，结构封顶后第一年每3个月观测一次，第二年每6个月观测一次至沉降稳定为止。各观测应记录并绘成图表存档。如发现异常情况应通知建设单位。

八、主要设计规范和规程以及技术规程(水工程施工，尚应依据国家部委及地方制定的设计和施工现行标准，规范和规程执行)。下列规程、规范和标准如有最新最版的应按最新版执行。包含目不限于以下规程、规范和标准。凡与有关的规程、规范和标准均应执行。当前可用的和标准均应执行。当所列规程、规范和标准有不一致时，以其有关规定执行。

☑ 1.建筑结构可靠度设计统一标准 ——(1990年版)

☑ 2.中国地震烈度区划图 ——

☑ 3.建筑工程抗震设防分类标准 —— GB 50223—2008

☑ 4.建筑抗震设计规范 —— GB 50011—2010

☑ 5.岩土工程勘察规范 —— GB 50021—2001(2009年版)

☑ 6.建筑地基基础设计规范 —— GB 50007—2011

☑ 7.建筑结构荷载规范 —— GB 50009—2012

☑ 8.混凝土结构设计规范 —— GB 50010—2010

☑ 9.地下工程防水技术规范 —— GB 50108—2008

☑ 10.砌体结构设计规范 —— GB 50003—2011

☑ 11.建筑设计防火规范 —— GB 50016—2014

☑ 12.广东省地基基础设计规范 —— DBJ/15—31—2003

☑ 13.广东省锤击式预应力混凝土管桩基础技术规程 —— DBJ/T15—22—2008

☑ 14.建筑桩基技术规范 —— JGJ94—2008

☑ 15.建筑地基处理技术规程 —— GB 50330—2013

☑ 16.人民防空地下室设计规范 —— GB 50038—2005

☑ 17.型钢混凝土组合结构技术规程 —— JGJ138—2001

☑ 18.混凝土小型空心砌块建筑技术规程 —— JGJ/T14—2011

☑ 19.冷轧带肋钢筋混凝土结构技术规程 —— JGJ95—2011

☑ 20.高层建筑混凝土结构技术规程 —— JGJ 3—2010

☑ 21.广东省高层建筑混凝土结构技术规程 —— DBJ 15—92—2013

☑ 22.混凝土结构耐久性设计规范 —— GB/T 50476—2008

☑ 23.预制带肋底板混凝土叠合楼板应用技术规程 —— JGJ/T 223—2010

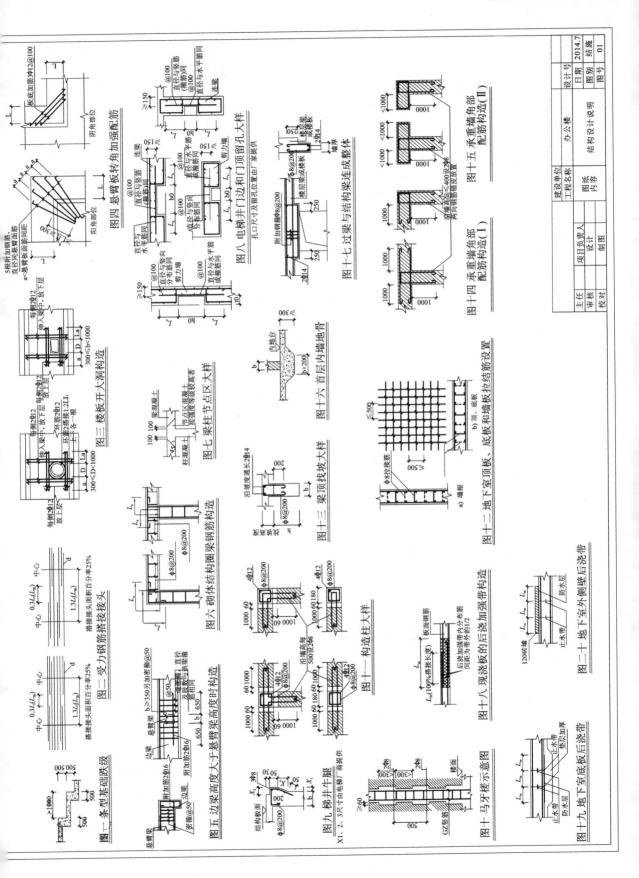

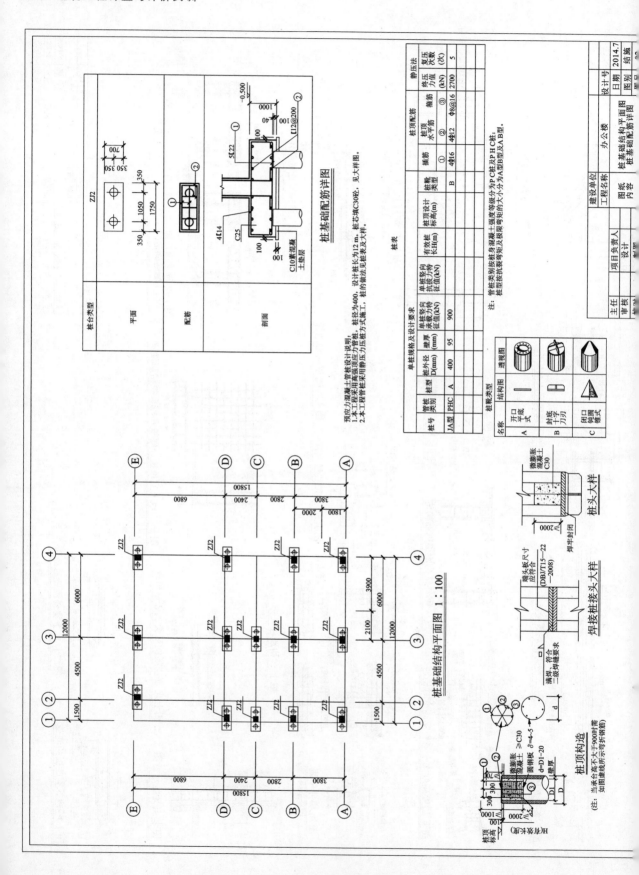

桩基础配筋详图

桩台类型	ZJ2
平面	
配筋	
前面	

预应力混凝土管桩设计说明:
1.本工程采用高强顶应力管桩。桩径为400,设计桩长为12 m。桩芯填C30砼，桩芯做法详大样图。
2.本工管桩采用静压力压桩施工，桩的做法见桩表及大样。

桩表

桩号	管桩类别	桩型	桩外径D(mm)	壁厚(mm)	单桩竖向承载力征值(kN)	单桩竖向抗拔力征值(kN)	有效桩长H(m)	桩顶设计标高(m)	桩靴类型	插筋	桩顶水平筋 ①	②	③	静压法 终压力值(kN)	复压次数(次)
JA型	PHC	A	400	95	900				B	4Φ16	4Φ12	Φ8@16		2700	5

注:1.管桩类别按桩身混凝土强度等级分为P C桩及P H C桩;
桩型按抗裂弯矩及极限弯矩的大小分为A型B型及A B型。

桩靴类型

名称	结构图	透视图
A	开口平底式	
B	封底十字刀刃	
C	闭口钝锥式	

桩头大样

桩接桩接头大样

焊接桩接头大样

桩基础结构平面图 1:100

桩顶构造

(注:当承台大于900时需如图虚线所示等折钢筋)

建设单位

工程名称	办公楼
图纸内容	桩基础结构平面图 桩基础配筋详图

主任		项目负责人		设计号	
审核		设计		日期	2014.7
				图别	结施

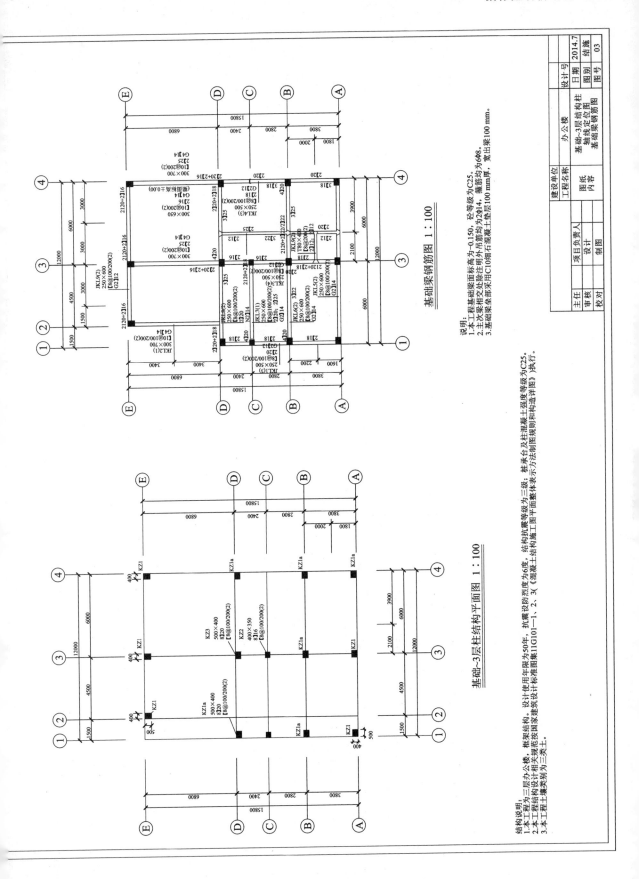

基础梁钢筋图 1：100

基础~3层柱结构平面图 1：100

说明：
1.本工程基础梁面标高为－0.150，砼等级为C25。
2.主次梁相交处除注明吊筋均为2⌀14，箍筋均为6⌀8。
3.基础梁全部采用C10细石混凝土垫层100 mm厚，宽出梁100 mm。

结构说明：
1.本工程为三层办公楼，框架结构。设计使用年限为50年，抗震设防烈度为6度，结构抗震等级为三级；桩承台及柱混凝土强度等级为C25。
2.本工程结构设计相关规范设计标准图集11G101－1、2、3《混凝土结构施工图平面整体表示方法制图规则和构造详图》执行。
3.本工程土壤类别为三类土。

主任		项目负责人		建设单位			
审核		设计		工程名称		办公楼	
校对		制图		图纸内容		基础~3层结构柱轴线定位图基础梁钢筋图	
				设计号		日期	2014.7
						图别	结施
						图号	03

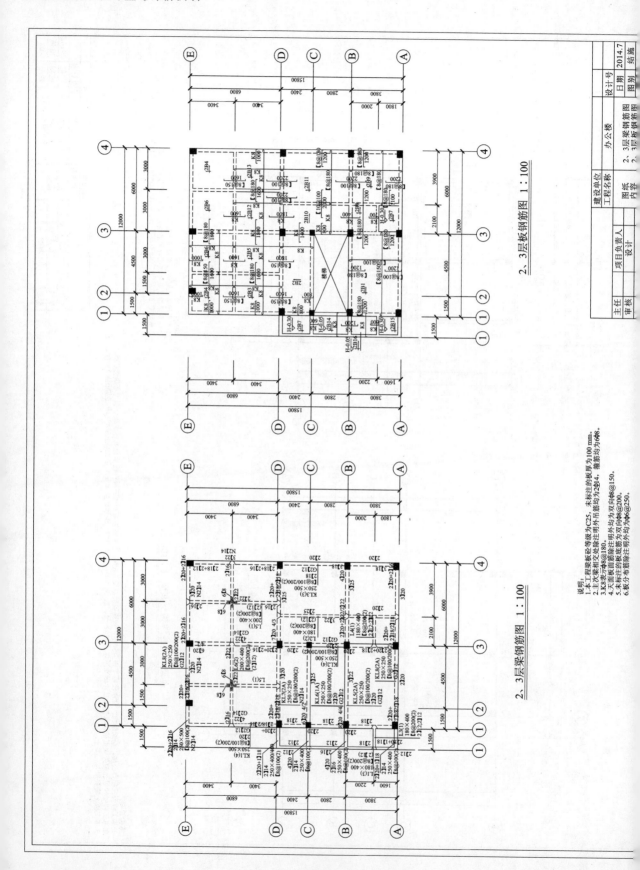

2、3层板钢筋图 1:100

2、3层梁钢筋图 1:100

说明:
1.本工程梁板砼等级为C25,未标注的板厚为100 mm。
2.主次梁相交处除注明外吊筋均为2Φ14,箍筋均为6Φ8。
3.K8表示Φ8@180。
4.天面板面筋除注明外均为双向Φ8@150。
5.未标注的板底筋为双向Φ8@200。
6.板分布筋除注明外均为Φ6@250。

建设单位		工程名称	办公楼	设计号		2014.7
		图纸内容	2、3层梁钢筋图 2、3层板钢筋图	日期 图别 图号		结施
主任	项目负责人					
审核	设计					

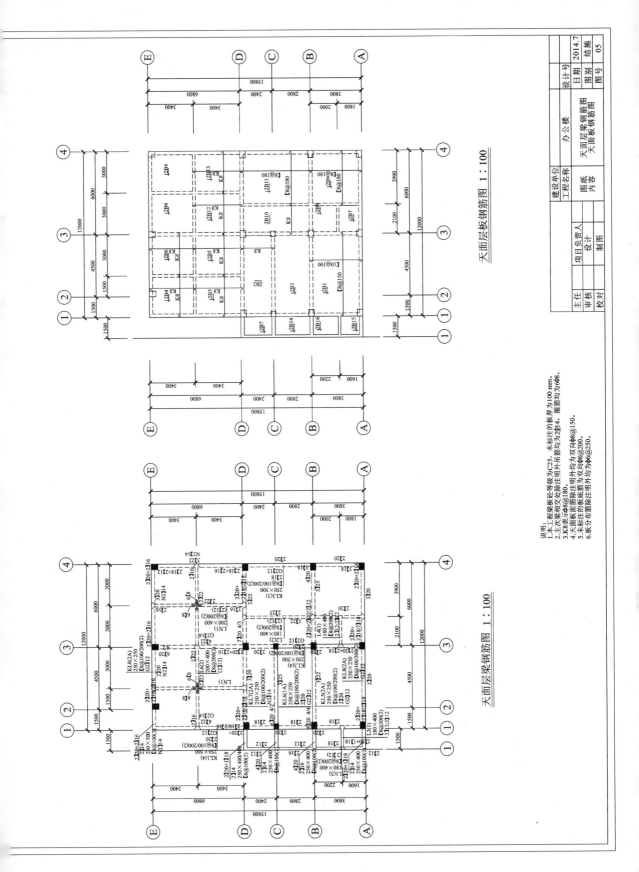

天面层板钢筋图 1：100

天面层梁钢筋图 1：100

说明：
1.本工程混凝土板梁混凝土等级为C25，未标注的板厚为100 mm。
2.主次梁相交处均除注明外吊筋均为2Φ14，箍筋均为4Φ8。
3.K8表示Φ8@180。
4.天面板面筋除注明外均为双向Φ6@150。
5.未标注的板底筋为双向Φ8@200，
6.板分布筋除注明外均为Φ6@250。

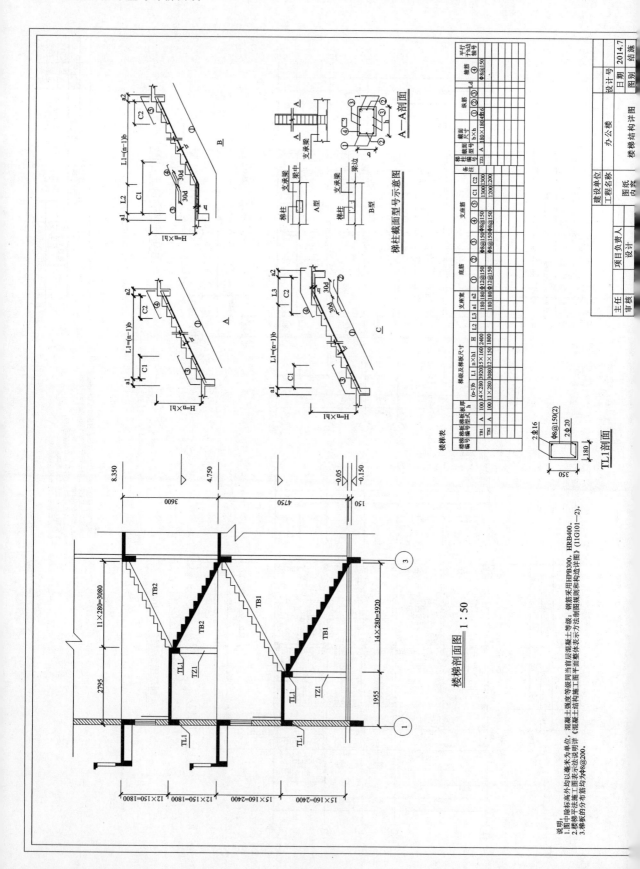